反直観の数学パズル
あなたの数学的思考力を試す14の難問

ジュリアン・ハヴィル 著
佐藤かおり・佐藤宏樹 訳

Nonplussed! Julian Havil
Mathematical Proof of Implausible Ideas

白揚社

アンへ捧げる。
あなたへの愛は単調増加であり、
無限である。

Time flies like an arrow. Fruit flies like a banana.

——グルーチョ・マルクス

そんなに私の言っていることは矛盾しているのか？　まぁいいだろう。私には矛盾が多いんだ。私が大きいからこそ、あらゆる矛盾を包含しているのさ。

——ウォルト・ホイットマン

数学とは、整備されたハイウェイを一歩一歩進むことではなく、奇妙な荒野を旅することであり、探検家たちが道に迷うこともしばしばだ。厳密であるということは、歴史家たちへのメッセージ——すでに地図が描かれ、真の探検家たちはどこかほかの場所に行ってしまったというメッセージである。

——W・S・アングラン

目　次

はじめに　7
序論　9

Chapter1　**テニスのパラドックス**　*13*
　下手なプレーヤーが集まると強いチームができあがる

Chapter2　**レイボーンの転上体**　*25*
　重力に逆らう不思議な物体

Chapter3　**誕生日のパラドックス**　*35*
　同じ日に生まれた人は意外に多い

Chapter4　**回転テーブル**　*47*
　見えないグラスをすべて同じ向きにするには？

Chapter5　**完全順列**　*57*
　固定点をもたない順列が生じる確率

Chapter6　**コンウェイのチェッカー盤**　*75*
　なぜ駒は目的地にたどりつけないのか？

Chapter7　**ビュフォンの針**　*83*
　円周率を導き出す魔法の針

Chapter8　**トリチェリのトランペット**　*99*
　無限の表面積をもつ立体の体積は有限である

Chapter9　**非推移的な結果**　*111*
　じゃんけん、サイコロ、コイン投げ

Chapter10 **追跡問題** *127*
霧に包まれた海で、いかに密輸船を捕まえるか？

Chapter11 **パロンドのパラドックス** *139*
必ず負けるゲームでも2つ組み合わせると必ず勝てる

Chapter12 **超次元** *153*
各辺が1mの超立方体に10mの棒が収まる

Chapter13 **13日の金曜日** *181*
13日が金曜日となる確率は他の曜日よりも多い？

Chapter14 **FRACTRAN** *193*
たった14個の分数からすべての素数を生み出す方法

モチーフ　*213*
附録A　*221*／附録B　*223*／附録C　*227*
謝辞　*231*
巻末註　*232*
訳者あとがき　*235*

はじめに

読者への手紙

皆さん、私がなす事もなくて気の重い時おり気晴らしに書いたものをここにお届けします。幸いにもあなたの同じようなとき少しの間でもお気晴らしになるとわかって、私が書いたときの半分の楽しみでも読んでお感じくださるなら、私がむだ骨を折ったと思わないように、あなたもむだな金を使ったとはお思いにならないでしょう。（と申しても、）私が自分の仕事を自薦しているとまちがえたり、仕事を喜んでしたので仕上げた今いい仕事と浅はかにも思いこんでいると推断しないでください。鷹狩で雲雀や雀をとる者も、もっと上等な獲物を追う者に比べて得たものはずっとつまらなくとも、狩りする楽しみは劣りません。で、知性は霊魂（たましい）のいちばん高尚な機能であるだけに知性を働かすことは他のどの機能にもまして喜びは大きく、絶えることがいっそうないと承知しない者は、本書の主題である知性をご存知でないのです。知性の真理探究は一種の鷹狩り・遊猟で、追求そのものが楽しみの大きな部分をなします。真知を目指して心の進む一歩一歩がある発見をし、その発見は新しいだけでなく、すくなくともその当座は最上でもあります[*1]。

1689年5月24日にロンドンのドーセット・コートで書かれたと伝えられるこの言葉は、イギリスの哲学者・博学者ジョン・ロックのものであり、1690年に刊行された記念碑的な著作『人間知性論』の序文（読者への手紙）に用いられた。

本書もまた、この言葉を序文とする。

序　論

アリスは笑いだしました。「考え直す必要なんかないわ。だれだって、ありそうもないことは信じられませんもの。」
「それはまだおけいこをつんでないからですよ。」と女王が言いました。「わたしがおまえさんの年ごろには、毎日三十分も練習したものですよ。そうよ、日によっては朝ごはん前に、かっきり六つもありそうもないことを信じたくらいなものだったわ。」
「どこからはじめましょうか。」とアリスはたずねました。
「はじめからはじめよ。」と、王さまは言いました。「そして終わりまでいったらそこでやめるのじゃ。」

ルイス・キャロル[*1]

　数学を学んでいると、意外な結果、巧妙な結果、もしくはその両方を備えた結果をそれほど時間をかけずに発見するときがある。もちろん、その結果の解説も意外で巧妙である。ずいぶん昔の話になってしまうが、次の「コインの周りを回転するコイン」というパズルが、キャロルの言う私の「はじめ」であった。そして、それまでつまらないと思っていた初等的な代数に魅力を感じさせてくれたパズルであった。

　半径が等しい2枚のコインが並んで置かれ、そのうちのひとつは固定されている。この固定されたコインの周りを、もうひとつのコインが図1のように上向きからスタートし、片側からもう片側へと滑ることなく回転して移動する。
　このとき回転したコインは上向きになるか、それとも下向きになるか？

「上向きになる」と答える人もいれば、「下向きになる」と答える人もいるだろう。しかし明らかに片方は間違いである。実際に2枚のコインを使って実験すると、どちらが答えかがすぐにわかる。この問題を解くにあたり過度の知識は危険である。たとえば、回転させる円の円周上に点をひとつ固定し、外サイクロイド（正確にいえば、カーディオイド）を作って考えてしまうと、この問題はややこしいものになってしまう。そこでひとつの方法として、回転するコインの中心の軌跡に注目する。2枚のコインの半径をrと仮定してコインを回転させると、この中心の描く軌跡は半円となる。このとき、この半円の中心は固定されたコインの中心で、その半径は$2r$である。つまり回転するコインの中心が距離$\pi(2r)=2\pi r$動いたことになる。

　この一連の流れを単純化すれば、移動したコインが長さ$2\pi r$の直線上を滑らないように回転したと考えることができる。この$2\pi r$はそのコインの中心の移動距離で、図2のように表される。これより、コインが360度回転したことがわかり、答えは上向きとなる。

　こうしてみると、この結果は意外で、その解法は実に巧妙である。

　少なくとも私が考えるには、意外で巧妙な問題を幅広く収録した本書において、このコインの問題は肩慣らしとして適しているといえるだろう。どんな問題を載せるか、またさらに頭を悩ますことだが、どんな問題を載せないかという選択は、当然のことながら難しいものであった。しかし各問題をバランスよく選んだので、意外性が多様に認められるだけでなく、意外性を生じさせるにあたって確率・統計が大きな役割を果たしていることが確認できると思う——確率・統計や無限に関する分野には、直観に反するような問題が豊富にあるが、その他の数学の分野はさほどでもないのである。こういったことをすべて反映させるために、全14章を均等に分けて本書を構成し、確率・統計に本質的に依存する内容と、無限に関する問題のような別の分野の内容とを交互に収めた。本書はこのようなコンセプトで作られた1冊目の本であるが、今回収録しきれなかった内容を幸運にも2冊目に収めるという機会が私に与えられている[*2]。各問題の解答の出所についても、できる限り歴史的背景に重点を置いて論じた。というのは、どの数学も自ら急激に発展してきたわけではなく、人間の手によって徐々に発展させられてきたものだ

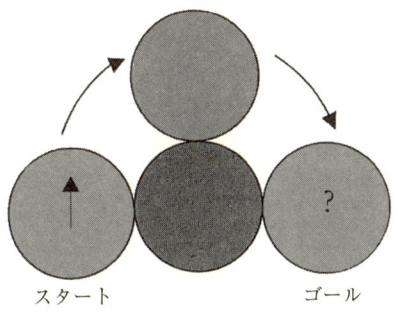

図 1.1　固定されたコインの周りを1枚のコインが回転する

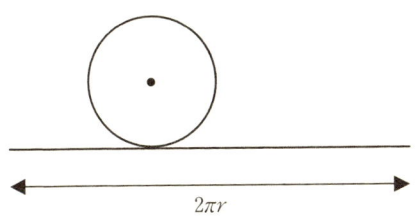

図 1.2　単純化させたときの状態

からである。

　13章は別として、数学の難易度は先に進むほど高くなる。しかし、どれも数学に興味のある高校3年生のレベルを越えるものではない——難解に見えることと、実際に難しいこととはイコールではないのだ。若者であろうが、それほど若くなかろうが、読者の方々には次のことを期待する。つまり、毎日の生活で私たちが拠り所にしている「直観力」のもろさを教えたり、思い出させたりすることにつながる何ものかを、本書のなかに見出してほしいのだ。私たちの直観力は非常に混乱しやすいものであり、結局のところ、数学的議論の確固たる根拠がそれに取って代わるのである。

Chapter 1　テニスのパラドックス

　テニスは、その試合自体は役に立つものではない。だが、すばやく視線を動かし、身体を準備させることで、あらゆる体勢に移ることができるという点で、非常に有益な競技といえる。数学も同様である。二次的で派生的な使い方は、一次的で意図的な使い方に劣らず価値のあるものなのだ。

——ロジャー・ベーコン

　第1章では、直観に反するスポーツの事象を3つ紹介する。最初の2つはテニスを用いた例で、3つ目はテニスのルールに関連する例である。

トーナメントで勝つ方法

　1つ目の例は、故レオ・モーザー氏がアルバータ大学で長年勤務していたときに出題した問題で、まず、テニスの草大会への出場を決めたクラブの会員が3名いると仮定する。新会員のM氏、彼の友人F氏（M氏よりも優れた選手である）、そしてクラブのトップ選手T氏の3人である。

　M氏はF氏とT氏と交互に対戦してゆき、連続してM氏が2試合勝つとF氏から賞品が与えられる。

　M氏にとっては、トップ選手のT氏との対戦よりも、友人F氏との対戦を多く選ぶ方が賢明に見える。しかし、2つの試合の選択配列FTFとTFTの確率を見ると、事態はまったく異なる様相を呈する。そこでM氏がF氏を打ち負かす確率をf、M氏がT氏を打ち負かす確率をtと仮定しよう（さらに独立であるとする）。

　表1.1は、M氏がF氏との試合を2回行うとき、M氏が賞品を手に入れる確率を表したものだ。

	F	T	F	確　率
	勝ち	勝ち	勝ち	ftf
	勝ち	勝ち	負け	$ft(1-f)$
	負け	勝ち	勝ち	$(1-f)tf$

表 1.1　新会員が友人と 2 回対戦するとき

	T	F	T	確　率
	勝ち	勝ち	勝ち	tft
	勝ち	勝ち	負け	$tf(1-t)$
	負け	勝ち	勝ち	$(1-t)ft$

表 1.2　新会員がトップ選手と 2 回対戦するとき

この表から、M 氏が賞品を手に入れる全確率は

$$P_\mathrm{F} = ftf + ft(1-f) + (1-f)tf$$
$$= ft(2-f)$$

となる。次に、M 氏がもうひとつの選択肢である T 氏との試合を 2 回選んだとしよう。感覚的には、こちらの方が賞品を手に入れる可能性は低く思える。表 1.2 がこの場合における確率を表したもので、M 氏が賞品を手に入れる全確率は

$$P_\mathrm{T} = tft + tf(1-t) + (1-t)ft$$
$$= ft(2-t)$$

である。トップ選手の T 氏は友人の F 氏よりも優秀な選手なので、$t<f$ となり、$2-t>2-f$、そして $ft(2-t)>ft(2-f)$ より $P_\mathrm{T}>P_\mathrm{F}$ が求まる。よって、実際にはトップ選手と 2 回試合を行う方がよいことになる。

この論理的な混乱は、勝ち数の期待値を考えると収まる。FTF におけるその値は

$$\begin{aligned}
E_\mathrm{F} = {} & 0\times(1-f)(1-t)(1-f) \\
& +1\times\{f(1-t)(1-f)+(1-f)t(1-f)+(1-f)(1-t)f\} \\
& +2\times\{ft(1-f)+f(1-t)f+(1-f)tf\}+3\times ftf \\
= {} & 2f+t
\end{aligned}$$

となり、同様の計算より TFT は $E_\mathrm{T}=2t+f$ となる。

$f>t$、$2f-f>2t-t$ より $2f+t>2t+f$ となり、これは $E_\mathrm{F}>E_\mathrm{T}$ を意味するので、私たちの期待通りとなる！

チーム対抗戦で勝つ方法

次にチーム編成の隠された落とし穴を見てゆこう。

10人の選手に、1（もっとも下手な選手：W氏）から10（もっとも優秀な選手：B氏）までのランクをつける。W氏とB氏が各5人のチームを作り、総当たり戦を行うとする。対戦を公平なものにするために、W氏は上位2人の優秀な選手を選ぶことができ、B氏は下位2人の下手な選手を選ぶ。

すると、この対戦ではW氏のチームは $T_\mathrm{W}=\{1,8,9\}$、B氏のチームは $T_\mathrm{B}=\{10,2,3\}$ となる。表1.3はトーナメントの（推定される）論理的な結果を表しているが、この段階では左上の一角（グレーの部分）だけに注目する。T_B が T_W を5対4と打ち負かしているため、W氏の不利な状況は克服されていない。

残りの選手は $\{4,5,6,7\}$ である。そこでW氏はB氏に、先にB氏が残った選手のなかから1人をチームに加え、その後W氏も同様に1人加えることを提案する。もちろん両者とも残りの選手のなかからもっとも優秀な選手を選ぶので、それぞれ7と6を選ぶことになる。できたチームは $T_\mathrm{W}=\{1,8,9,6\}$ と $T_\mathrm{B}=\{10,2,3,7\}$ となり、その結果も表1.3で表されている。B氏はW氏が加えた選手よりも優秀な選手を自分のチームに加えたにもかかわらず、結果は8対8と引き分けになり、彼にとってはよろしくない。

最後の選抜も先ほどと同じ条件の下で行われ、最終的にできるチームは $T_\mathrm{W}=\{1,8,9,6,4\}$ と $T_\mathrm{B}=\{10,2,3,7,5\}$ となる。表1.3全体がその結果を

	T_B				
	10	2	3	7	5
1	B	B	B	B	B
8	B	W	W	W	W
9	B	W	W	W	W
6	B	W	W	B	W
4	B	W	W	B	B

(T_W はこの表の左側の縦軸ラベル)

表 1.3　総当たり戦の結果

T_Bのランクの平均値	5	$5\frac{1}{2}$	$5\frac{2}{5}$
T_Wのランクの平均値	6	6	$5\frac{3}{5}$

表 1.4　3つのケースにおけるランクの平均値

表し、T_W が T_B を 13 対 12 で打ち負かしている。

　つまりそれまで負けていたチームは、対戦チームより弱い選手を加えることで、勝つことができるというわけだ。

　表 1.4 は、これら 3 つのケースにおける 2 チームのランクの平均値である。この表から、各ケースにおいて T_B チームが T_W チームよりもその平均値が低いことがわかる。また新しいメンバーが加わるにつれ、T_B の平均値は増加しているが、T_W の方は減少している（または同じ値のままである）。これはウィル・ロジャース現象として知られる単純な（だが魅力的な）パラドックスと同じ現象である。

　1930 年代の大恐慌時代、人々は職を求めてアメリカ中を移動したが、冗談好きの哲学者ウィル・ロジャースは、それについて以下のように述べた。

　　オーキーがオクラホマ州からカリフォルニア州に移ると、知的水準はどちらの州も上がった。

これはもちろん「オーキー（オクラホマ出身）」であるロジャースのジョークである。ここで、オクラホマの全住人がカリフォルニアの住人よりも知的であり（！）、オクラホマのもっとも知的水準の低い人がカリフォルニアに移住すると仮定すると、論理的には明らかに彼のジョークは正しいことになる。たとえば、知的水準によってランク分けされる2つの集合 A＝{1, 2, 3, 4} と B＝{5, 6, 7, 8, 9} を考える（1：低い、9：高い）。このときAの平均は2.5で、Bは7となる。ここでBのランク5をAに移すと、A＝{1, 2, 3, 4, 5}、B＝{6, 7, 8, 9} となる。するとAの平均は3、Bは7.5となり、両方とも知的水準の平均が上がる。

この知的水準という理論的な話を、個人の健康状態という現実世界の話へと変えると、「病期の移行」という医学概念、すなわちウィル・ロジャースの現実的な例に近づくことになる。医学における病期の移行では、病気の発見が早くなされると、健康な人たちが不健康な人たちのグループへと速やかに分類し直されることになる。健康であった人たちが健康ではないと再分類されると、健康であると分類された残りの人たちの平均寿命が延び、同時に、健康ではないと分類された人たちの平均寿命も延びる。要するにこの現象は、2つの異なるグループ間において、生存率の見せかけの改善を引き起こしているのである。

この実例は、前立腺がんの新しい知見[*1]と、乳がんの新しい知見[*2]の中で見いだされている。

サーバーがもっとも有利な局面とは？

最後の例では、テニスのポイントの数え方の不合理性を理論的に明らかにしてゆく。

時計の針の位置をもとにしたテニスのポイントの数え方は少し複雑で、通常すべての試合において次のような方法をとっている。

選手が最初のポイントを取ると、その選手の得点は15となる。その選手が2つ目のポイントを取ると得点は30となり、3つ目のポイントで40となる。そして4つ目のポイントを取ると、その選手の勝ちである。

ただし両選手とも3ポイント取っている場合、これをデュースと呼ぶのだが、次のポイントを取った選手が「アドバンテージ」とコールされる。そこで同じ選手が再度ポイントを取ると、その選手がゲームを取ったことになる。もし、もう片方の選手がポイントを取った場合、再度デュースとコールされる。このやりとりは片方の選手がデュースの直後に続けて2ポイント取るまで続き、ここでその選手の勝ちが決まる。

「優秀な選手が同レベルの対戦相手と40-30または30-15の時点でサーブを行うとき、試合の開始時よりも、この時点の方が試合に勝つ確率が低い。」このようなことを知れば、いつの時代の名選手たちも驚いたはずである。

サーバーとしてどちらかがポイントを取るときの確率を p とし（つまりポイントを取られる確率は $q=1-p$）、腕前が互角である選手たちを調べてみよう。優秀な選手の場合、p は1に近くなる。サーバーが a ポイントで、相手が b ポイントのとき、サーバーとしてゲームを取る確率を $P(a,b)$ と表す。そこで $P(40,30)$ と $P(30,15)$ を求め、それぞれを $P(0,0)$ と比較してゆこう。

まずはじめに、アドバンテージの状況と $(40,30)$ の状況は同じであることに注意する。つまり、次のポイントを取るときと取られるときに分けると、デュースの時点では

$$P(40,40) = pP(40,30) + qP(30,40)$$

となり、同様に

$$P(30,40) = pP(40,40) \qquad と \qquad P(40,30) = p + qP(40,40)$$

となる。これらの方程式を上の式に代入すると

$$P(40,40) = p(p + qP(40,40)) + q(pP(40,40))$$

となり、よって

$$P(40,40) = \frac{p^2}{1 - 2pq}$$

となる。恒等式 $1-2pq=(p+q)^2-2pq=p^2+q^2$ を用いると、デュースの時点では次のように表される。

$$P(40,40)=\frac{p^2}{p^2+q^2}$$

そしてこの式から

$$P(30,40)=pP(40,40)=\frac{p^3}{p^2+q^2}$$

となり、ひとつ目の式が求まる。

$$\boxed{P(40,30)=p+\frac{p^2q}{p^2+q^2}}$$

次に $P(30,15)$ の式を求める。これには少し複雑な計算が必要だが、図1.1 のような樹形図を使うとわかりやすい。樹形図は可能な経路に分かれ、先に求めた確率にたどり着く。

最終的にたどり着くすべての経路を合計すると

$$P(30,15)=p^2+2pq\left(p+\frac{p^2q}{p^2+q^2}\right)+q^2\left(\frac{p^3}{p^2+q^2}\right)$$
$$=p^2(1+2q)+\frac{3p^3q^2}{p^2+q^2}$$

となる。よって2つ目の式

$$\boxed{P(30,15)=p^2(1+2q)+\frac{3p^3q^2}{p^2+q^2}}$$

が求まった。

あとは、試合開始時の確率 $P(0,0)$ を求めるだけだが、これは非常に難しい。そこで各ケースを見落とさないために、より複雑な樹形図（図1.2）を

作る。すでにわかっている確率にたどり着くまで、前回と同様に経路を分割してゆく。すべての経路を合計すると

$$P(0,0) = p^4 + p^3q\left(p(1+q) + \frac{p^2q^2}{p^2+q^2}\right)$$
$$+ 3p^2q\left(p^2(1+2q) + \frac{3p^3q^2}{p^2+q^2}\right)$$
$$+ 3p^2q^2\left(p^2 + \frac{2p^3q}{p^2+q^2}\right) + 4p^3q^3\left(\frac{p^2}{p^2+q^2}\right)$$
$$= p^4(1+4q+10q^2) + \frac{20p^5q^3}{p^2+q^2}$$

となり、最終的に次の式が求まる。

$$\boxed{P(0,0) = p^4(1+4q+10q^2) + \frac{20p^5q^3}{p^2+q^2}}$$

図1.3、1.4、1.5で示すように、pのすべての値（$q=1-p$に注意）に対して表される3つの確率のグラフは、それぞれ非常に似た動きをしている。しかし、これらには交点が存在する。そこで $\{P(0,0), P(30,15)\}$ の組と、$\{P(0,0), P(40,30)\}$ の組をそれぞれ同じグラフ上に描き、p の値が大きい部分を拡大するとその交点がわかる（図1.6と1.7参照）。

当然これらの交点を求めるにはちょっとした代数が必要である。

$P(30,15)$ と $P(0,0)$ の交点

次の複雑な式

$$p^2(1+2q) + \frac{3p^3q^2}{p^2+q^2} = p^4(1+4q+10q^2) + \frac{20p^5q^3}{p^2+q^2}$$

を、$q=1-p$ を用いて解くと交点が求まる。

そこで根気良く（または素晴らしい数学のソフトを使って）この式を p で表すと

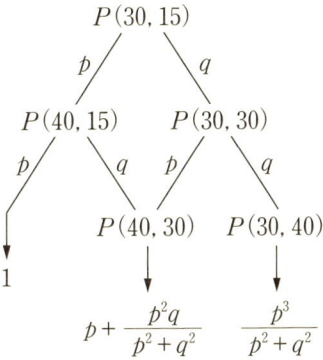

図 1.1 $P(30, 15)$ を見つける

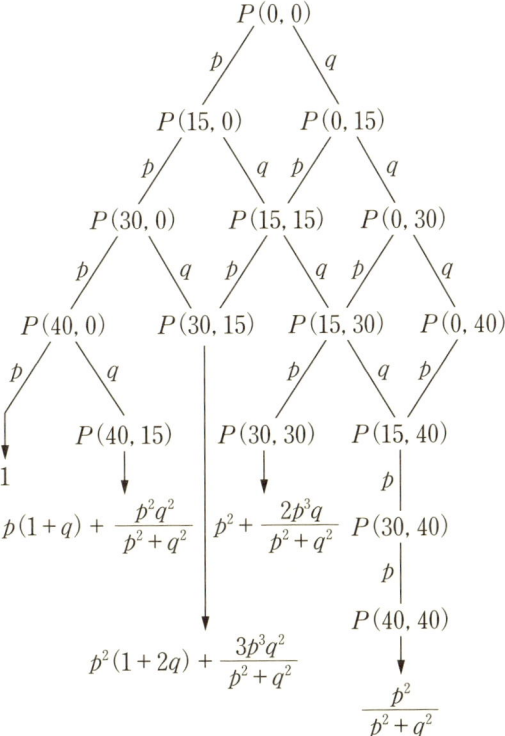

図 1.2 $P(0, 0)$ を見つける

テニスのパラドックス

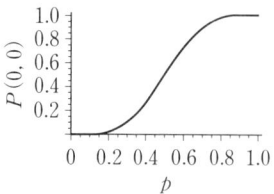

図 1.3　p に対して描かれた $P(0,0)$

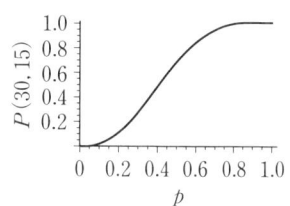

図 1.4　p に対して描かれた $P(30,15)$

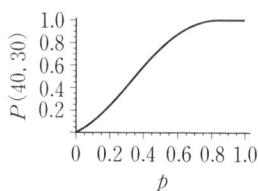

図 1.5　p に対して描かれた $P(40,30)$

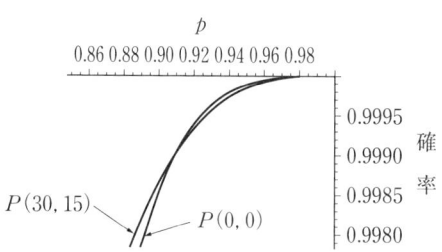

図 1.6　$P(30,15)$ と $P(0,0)$ の交点

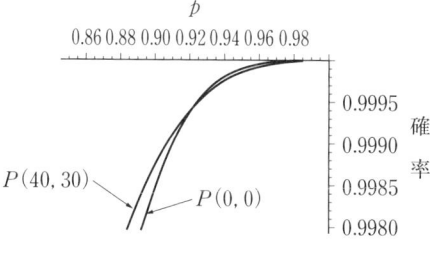

図 1.7　$P(40,30)$ と $P(0,0)$ の交点

$$p^2(1-p)^3(8p^2-4p-3)=0$$

となり、2次方程式 $8p^2-4p-3=0$ の解と、$p=0, 1$ の自明な重複解をもつことがわかる。

唯一の正の解は $p=\frac{1}{4}(1+\sqrt{7})=0.911437\ldots$ であり、任意の $p>0.911437\ldots$ に対して、$P(0, 0)>P(30, 15)$ となる。よって、試合開始時の方が $P(30, 15)$ のときよりも勝つ確率が高くなるというわけだ。

$P(40, 30)$ と $P(0.0)$ の交点

この交点を求める式は

$$p+\frac{p^2q}{p^2+q^2}=p^4(1+4q+10q^2)+\frac{20p^5q^3}{p^2+q^2}$$

である。同様に代数を用いてこの面倒な計算をすると

$$p(1-p)^3(8p^3-4p^2-2p-1)=0$$

となり、$p=0, 1$ の自明な解をもつ。

残っている3次方程式 $8p^3-4p^2-2p-1=0$ から、ひとつの実数解

$$p=\frac{1}{6}+\frac{1}{24}\sqrt[3]{1216-192\sqrt{33}}+\frac{1}{6}\sqrt[3]{19+3\sqrt{33}}$$

が求まり、$p=0.919643\ldots$ となる。

再び任意の $p>0.9196\ldots$ に対して、$P(0, 0)>P(40, 30)$ となり、またしてもパラドックスが立証された。

結論として、サーブのときにちょうど 90% 以上の確率でポイントを取れる2人の同レベルの選手たちは、彼らにとって有利であるはずの 30-15 または 40-30 のいずれの時点よりも、試合開始時の方が勝つ確率が高いというわけである。

Chapter 2　レイボーンの転上体

工学は数理科学の楽園である。何となればここでは数学の果実が実るから。
——レオナルド・ダ・ヴィンチ[*1]

本の宣伝

1694年4月18日付のオールド・ベイリー議事録の裁判記録には、今日は数多くの焼印を押しただけでなく、29人の死刑判決を下すのに忙しい日であったと記されている。実際には30人の死刑判決が下されたが、1人の女性の「腹の嘆願」が認められたことで（つまり彼女が妊娠していることが証明されたので）、その女性は死刑をまぬかれた。裁判記録の最後にはこの不幸な29人の名前が記載され、その後には広告がいくつか掲載されている（裁判記録に広告が掲載されるとは、現代の私たちにはとても奇妙である）。

女性辞典（*THE Ladies Dictionary*）：女性のための楽しい娯楽本の初の英語版。この出版の構想は普遍的なもので、一部の内容は男性にも役に立つ。しかしこれは完全に女性のための本である。仕事、日常生活、家事、おしゃべりなど女性の関心事をまるごとおさめた実用書。

何がこの本をベストセラーとさせているのか詳しく調べてみたい気もするが、次の広告に移るとしよう。

利益ある喜び（*Pleasure with Profit*）：数、幾何学、数学、天文学、算

術、暗号、磁気、鑑定、化学、歴史に関する各種の娯楽(リクリエーション)を集めた作品集。本書は創意に富んだ心を再びつくりだし(リクリエート)、これらの（ような）崇高な科学をさらに追求する意欲をかきたたせ、さらに（この時代の）若者が陥りやすい悪の道からそらすために出版された。ウィリアム・レイボーン著、学者。

おそらく裁判で裁きを受けた人たちは、この本を読む機会がなかったのだろう。そこで本章ではその本の 12、13 ページの内容を紹介し、その一部に触れてみることにしよう。

ウィリアム・レイボーン（別名オリバー・ワーリンバイ：1626-1716）は、当時の著名な測量士だった（元は印刷業者）。彼はときどき貴族たちに雇われて彼らの土地を測量し、1666 年のロンドン大火のときには、市内の焼け跡の測量に携わってもいる。また彼は多方面にわたる多数の著作を残している。1649 年にはヴィンセント・ウィング氏と共著で、天文学に関して初めて英語で書かれた『実用天文学（*Urania Practica*）』を出版。さらに 1653 年に刊行された『測量士大全（*The Compleat Surveyor*）』は 5 刷を重ね、現在ではその分野の古典と見なされている。また 1667 年に発表された『物言う棒——俗に言うネイピアの骨——による計数の技法（*The Art of Numbering by Speaking Rods : Vulgarly Termed Napier's Bones*）』は、世間の関心を集める重要な著書となった。

先の娯楽本『利益ある喜び』は 1694 年に出版されたもので、図 2.1 がその扉のページである。

その中で述べられている以下の文章は、内容的にすんなりと賛同できる。

身体のそれはさておき、私は思考力を活性化させる娯楽を進めてゆきたいと思う。そのためには、数学の娯楽ほど素晴らしいものはない。

たしかにそのとおりだ。それでは、レイボーンの本から力学パズルをひとつ紹介しよう。このパズルは J・P という人物の作品と考えられ、転上体として知られる物体に関するものである。

この本の 12、13 ページが図 2.2 と図 2.3 である。これは円錐を 2 つくっ

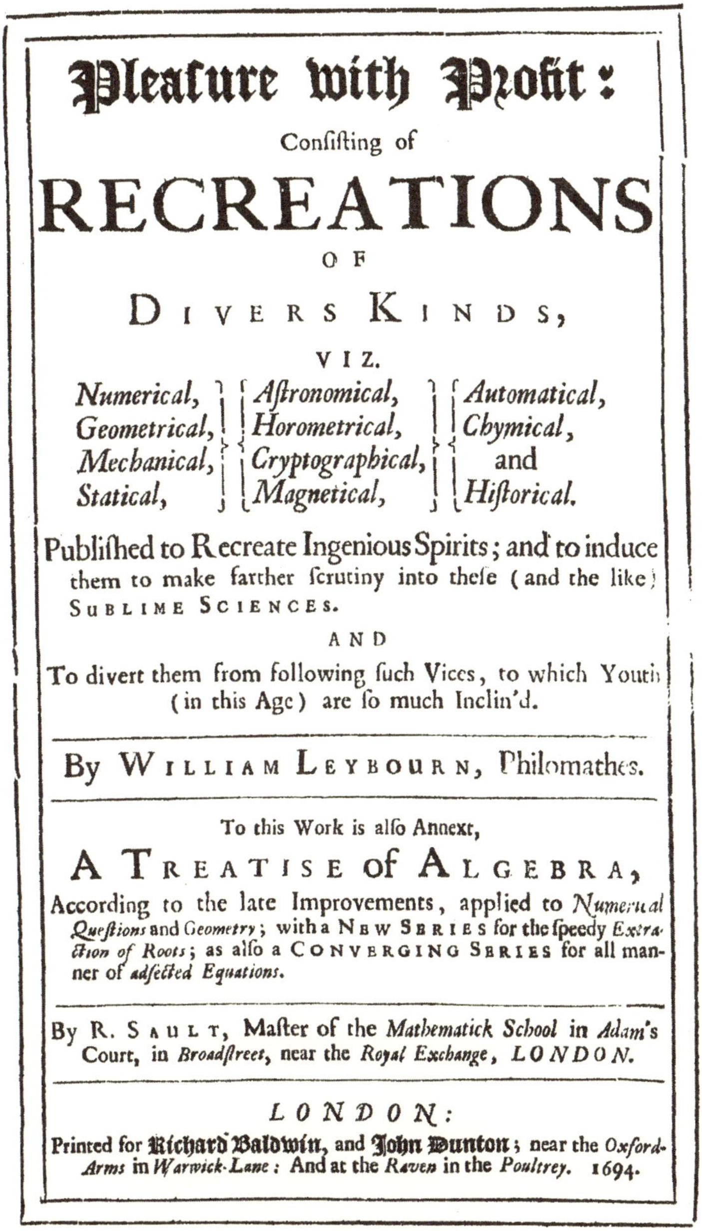

𝔓leasure with 𝔓rofit:

Consisting of

RECREATIONS

OF

DIVERS KINDS,

VIZ.

Numerical, *Astronomical,* *Automatical,*
Geometrical, *Horometrical,* *Chymical,*
Mechanical, *Cryptographical,* and
Statical, *Magnetical,* *Historical.*

Published to Recreate Ingenious Spirits; and to induce them to make farther scrutiny into these (and the like) SUBLIME SCIENCES.

AND

To divert them from following such Vices, to which Youth (in this Age) are so much Inclin'd.

By WILLIAM LEYBOURN, Philomathes.

To this Work is also Annext,

A TREATISE of ALGEBRA,

According to the late Improvements, applied to *Numerical Questions* and *Geometry*; with a NEW SERIES for the speedy Extraction of Roots; as also a CONVERGING SERIES for all manner of *adfected Equations*.

By R. SAULT, Master of the *Mathematick School* in *Adam's Court,* in *Broadstreet,* near the *Royal Exchange,* LONDON.

LONDON:

Printed for **Richard Baldwin**, and **John Dunton**; near the *Oxford-Arms* in *Warwick-Lane*: And at the *Raven* in the *Poultrey*. 1694.

図 2.1 『利益ある喜び』の扉

RECREATIONS

A
MECHANICAL PARADOX:
OR, A
New and Diverting Experiment.

Whereby a Heavy Body fhall by its own Weight move up a floping Afcent.

Written by J. P.

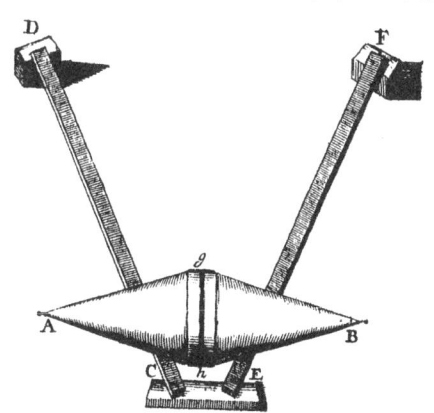

THE Things neceffary for this Experiment are, Firft, A Roller of Wood, turned in a *Lathe-Ink*, a Figure like as here is reprefented at A B, (*viz.*) of two Cones (or Sugar Loaves) abutting one againft the other. Let the thicknefs in the middle (g h) be about

5 or

図 2.2 『利益ある喜び』の12ページ目

MECHANICAL.

5 or 6 Inches, the length AB about 3 times the thickness; at the end A & B may be left two little Pins turned. 2. You muſt provide two ſtraight ſmooth Rulars about a Yard in length, and ſtrong enough to bear the weight of the Roller. 3. Laſtly, You muſt have three pieces of Wood to ſupport the ends of the Rulars; the firſt about two or three Inches thick, the other two (to ſtand at D and F) muſt be thicker than this firſt by ſomewhat leſs than half the Diameter of the Roller; ſo that if the Roller be 6 Inches Diameter, the firſt piece of Wood 2 Inches, then let the other 2 pieces be about $4\frac{1}{2}$ Inches apiece. Being thus provided when you would try the Experiment, 1. Place the two thicker pieces upon a level Table almoſt the length of the Roller off of one another, as at D F, ſet the other piece of Wood almoſt the length of the Rular off of the other two. 2. Place the two Rulars with their ends upon the pieces of Wood in the manner as is repreſented in the Figure, with their lower ends near together, and the upper ends ſtradling. 3. Place the middle of your Roller between the two lower ends of the Rulars, and you will ſee (if you have placed all right) what you deſire, *viz.* The Roller will of it ſelf climb to the upper ends of the Rulars.

When you would divert any perſon with this Experiment, you may firſt put the Rulars Parallel, (or with lower ends as wide as the upper) and let it be ſeen how faſt the Roller will run down the Deſcent; which will make it the more ſtrange to ſee it afterwards climb the ſame Aſcent, by only bringing the lower ends nearer.

The reaſon of this (ſeeming) Aſcent of the Rhomb or Roller, is a real *Deſcent* or *Lowering* of its Center of Gravity, for tho' the way or line of the motion on the *Rulars* be an *Aſcent*, yet the line which the Roller deſcribes on its own ſurface is ſuch, that every point of it approaches nearer to the Axis of the Rhomb, the opening of the Rulars cauſing the Contact to be nearer to the ſmall ends of the two Cones; and conſequently, nearer to their Axis: Whereupon the Axis of the Rhomb is ſo much lower at the top of the Rulars, as their Elevation comes ſhort of the Semi-diameter of the Rhomb.

図 2.3 『利益ある喜び』の 13 ページ目

つけた転上体と、傾斜のある V 字型のレールから構成され、転上体が傾斜になったレール上を回転しながら上るというものである。レイボーンは最後の段落で、このパラドックスを次のように指摘している。「重要なのは、転上体が坂道を上るにもかかわらず、測定が正確ならその物体の中心は下っていくという点だ。感覚的には不可解かもしれないが、決して重力の法則に反するものではない。」

現代の視点から見る

レイボーンの解説に取りかかる前に、初歩の三角法を用いて、現代の目でこの問題を見てみよう。図 2.4、2.5、2.6 で、3 つの角度を使ってその形状をパラメータ化し、必要な考え方を示している。α はレールの傾斜度、β はレール間の角度の半分の角度で、床面に対して水平に測られている。そして γ は転上体の頂角の半分の角度である。次にレールの下端と、上端の高さをそれぞれ a、b とし、転上体の半径を r とする。さらに図 2.4 で示すように x-y 座標を設定する。

この座標を用いて、傾斜を上ってゆく転上体の重心の軌道（重心の高さ）を表す式を求める。まず図 2.5 と 2.6 より

$$PQ = P_1Q_1 = 2x\tan\beta$$

となる。図 2.6 より

$$RS = PS\tan\gamma = \frac{1}{2}PQ\tan\gamma = x\tan\beta\tan\gamma$$
$$SG = r - RS = r - x\tan\beta\tan\gamma$$
$$y = PP_1 + SG = PP_1 + (r - x\tan\beta\tan\gamma)$$

が得られる。図 2.4 と図 2.6 より

$$PP_1 = SG_1 = a + x\tan\alpha$$

となり、式

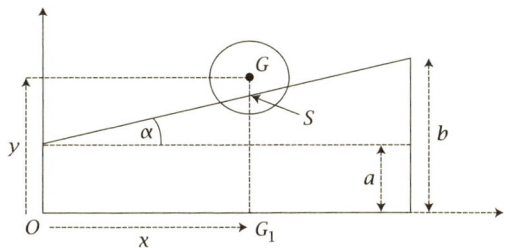

図 2.4 側面図：OG_1 に沿って切断した断面図

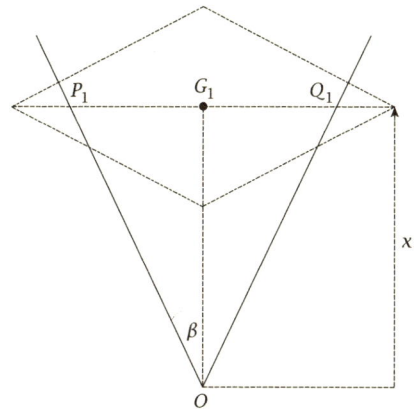

図 2.5 平面図：点 P_1 と点 Q_1 は，レールと転上体が接触する点 P と点 Q を垂直に床に落としたときのそれぞれの点である。

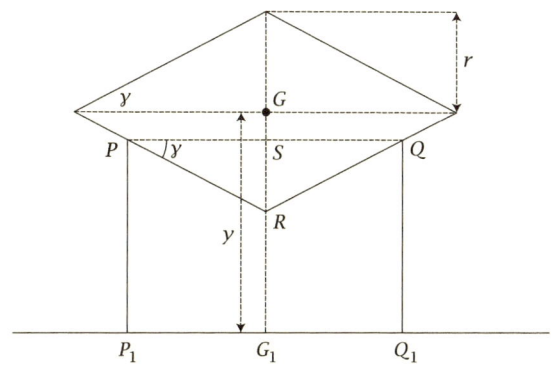

図 2.6 正面図：点 O から見た図

レイボーンの転上体

$$y = (a + x\tan\alpha) + (r - x\tan\beta\tan\gamma)$$
$$= a + r + x(\tan\alpha - \tan\beta\tan\gamma)$$

が求まる。よって転上体の重心の軌道は

$$y = a + r + x(\tan\alpha - \tan\beta\tan\gamma)$$

となり、勾配 $\tan\alpha - \tan\beta\tan\gamma$ を含む式となる。この運動を可能にするためには、勾配を負にする必要がある。つまり、パラドックスが存在する決定的な条件は

$$\tan\alpha < \tan\beta\tan\gamma$$

である。このパラドックスを理解するためには物理模型が一番で、読者の方々には実際に作ってみる、あるいは誰かに作らせることを強くお勧めする。私が使っている模型(親友のブライアン・キャスウェルが作った)では

$$\alpha = 4.6° \quad \beta = 15.3° \quad \gamma = 25.4°$$

となり、実際に上記の不等式は満たされている。

転上体の謎を解く

この構造の明確な基準がわかったところで、レイボーンの解説をより詳しく見てゆくことにしよう。転上体の直径が6インチで、1ヤードが36インチとするとき、彼の転上体は、先で定義した記号を用いて次のように表される。

$$r = 3$$
転上体の半分の長さは $3 \times 3 = 9$
$$b - a \approx r = 3$$
斜面の長さは 36

図2.4 より $\sin\alpha = \frac{3}{36} = \frac{1}{12}$ となる。図2.4 に描かれた斜面の正射影の長さは $36\cos\alpha$ となり、このことから

$$\sin\beta = \frac{9}{36\cos\alpha} = \frac{1}{4\cos\alpha}$$

となる。そして図 2.6 より、$\tan\gamma = \frac{3}{9} = \frac{1}{3}$ となる。

$\sin\alpha$ の正確な値を求めるために、ピタゴラスの定理を使って、図 2.4 の直角三角形の第 3 の辺を $\sqrt{12^2 - 1^2} = \sqrt{143}$ と計算する。よって、$\cos\alpha = \frac{\sqrt{143}}{12}$、$\tan\alpha = \frac{1}{\sqrt{143}}$ が求まる。

これより

$$\sin\beta = \frac{1}{4\cos\alpha} = \frac{3}{\sqrt{143}}$$

となり、再度ピタゴラスの定理を使うと、図 2.5 の直角三角形の第 3 の辺は $\sqrt{143-9} = \sqrt{134}$ となる。よって $\tan\beta = \frac{3}{\sqrt{134}}$ が求まる。

以上をまとめると、レイボーンの転上体は次のようになる。

$$\tan\alpha = \frac{1}{\sqrt{143}} \quad \tan\beta = \frac{3}{\sqrt{134}} \quad \tan\gamma = \frac{1}{3}$$

そして最終的な不等式の関係を確かめると、$\frac{3}{\sqrt{134}} \times \frac{1}{3} > \frac{1}{\sqrt{143}}$、つまり 143 > 134 となり、正しいことが証明された（同じく転上体の直径が 5 の場合は 5159 > 4934 となる）。

転上体の謎も解けたことなので、レイボーン氏の学識の話については、サミュエル・ピープスの 1662 年 8 月 18 日の日記に任せることにしよう。

> ウーリッジのディーン氏がやってきた。そしていっしょにウェルタムの森へ馬を乗り入れ、そこで国有林が何本も切り出されるのを見た。彼は「半角かけ[*2]」の謎全部を明かしてくれた。これで国王は材木買入れのときにだまされているのだ。これが矯正できるようになったら、ずいぶん楽しいことだろう。[*3]

レイボーンは著書のひとつで、半角かけの詐欺行為をウーリッジの職員であるディーン氏に解説していたのである。

Chapter 3 誕生日のパラドックス

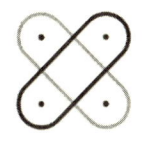

私は60歳である。だが、摂氏に換算すれば16歳だ。
　　　　　　　　　　　　　　——ジョージ・カーリン

基本問題

　恐らく直観に反する現象のなかでもっとも有名な例は、2人の人間が同じ誕生日である確率に関するものであろう。1年を365日とし、366人が集まったとき、少なくともひとつの重複が保証され（鳩の巣原理の単純な応用より）、これは簡単に理解できる。それでは、そのような重複が存在する確率が50:50となるグループの人数を求めるという問題はどうだろう。直観的には先ほどの人数の約半分、つまり183人が必要であると答えるだろう。しかし、この直観はまったくもって見当違いである。

基本問題ではない問題

　この結果が直観に反するのは、ひとつには、問題文が誤解されやすいからである。これは、「r人のなかで少なくとも1人が自分と同じ誕生日である」ということではない。しかしこの計算は簡単なので、まずこちらの問題から解いてゆこう。

　1年をn日とすると、ある1人の誕生日が自分の誕生日と同じではない確率は$(n-1)/n$である。それが独立であると仮定したとき、r人全員がそうなる確率は$((n-1)/n)^r$で、このことより少なくとも1人が自分と同じ

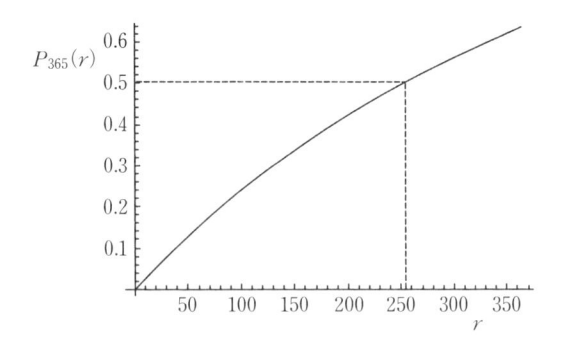

図 3.1　自分と誕生日が同じ確率

誕生日である確率は

$$Pn(r) = 1 - \left(\frac{n-1}{n}\right)^r = 1 - \left(1 - \frac{1}{n}\right)^r$$

となる。1 年を通常の 365 日とすると、その確率は

$$P_{365}(r) = 1 - \left(\frac{364}{365}\right)^r$$

となる。そして $r \to \infty$、$P_{365}(r) \to 1$ は明らかで、$P_{365}(r)$ と r の関係を表したグラフ（図 3.1）より、$P_{365}(r)$ が 0.5 となる r の値は 250 より少し大きいことがわかる。r の正確な値を求めるために $P_{365}(r) = 0.5$ を解くと、$1 - \left(\frac{364}{365}\right)^r = 0.5$ となり、$\left(\frac{364}{365}\right)^r = 0.5$ となる。これより

$$r = \frac{\ln 0.5}{\ln\left(\frac{364}{365}\right)} = 252.65\cdots \approx 253$$

となる。この基本問題の正確な解釈は、ある特定の誕生日が一致するということではなく、誕生日が一致する 2 人がともかくも存在するということを尋ねている。r が増加すると、結果的に、2 人の組合せの数も増加する。つまり r が 1 だけ増加すると、可能な 2 人の組合せの数は明らかに r だけ増加する。式で表すと次のようになる。

$$\binom{r+1}{2} - \binom{r}{2} = \frac{(r+1)!}{2!\,(r+1-2)!} - \frac{r!}{2!\,(r-2)!}$$
$$= \frac{r!}{2(r-1)!}((r+1)-(r-1)) = r$$

たとえば r が 22 から 23 に増加すると、2人の組合せの数は $\binom{22}{2}=231$ から $231+22=253$ へと増加する。この著しい増加率が誕生日のパラドックスの問題解決の決め手となる。

それでは最初の基本問題へと話を戻そう。

標準的な解法

再度 1 年を n 日とし、無作為に r 人を選ぶ。一般的な分析では、少なくとも 2 人が同じ誕生日である確率は、すべての人が異なる誕生日である確率を 1 から引いた確率であるという基本的な結果を使う。1 人目の誕生日は、n 日のうち n 通りの可能性があり、ここで 1 日分が使われる。2 人目の誕生日は $(n-1)$ 通りの可能性がある。このように r 人すべての人に対してこの論法を続けると、少なくとも 2 人が同じ誕生日である確率 $P_n(r)$ の式が得られる。

$$P_n(r) = 1 - \frac{n}{n} \times \frac{n-1}{n} \times \frac{n-2}{n} \times \cdots \times \frac{n-(r-1)}{n}$$
$$= 1 - \frac{n!}{n^r(n-r)!}$$
$$= 1 - \frac{r!}{n^r}\binom{n}{r}$$

1 年を 365 日としたとき、この式は

$$P_{365}(r) = 1 - \frac{r!}{365^r}\binom{365}{r}$$

となり、r が 100 までのときの関数を表すと図 3.2 のグラフが描かれる。

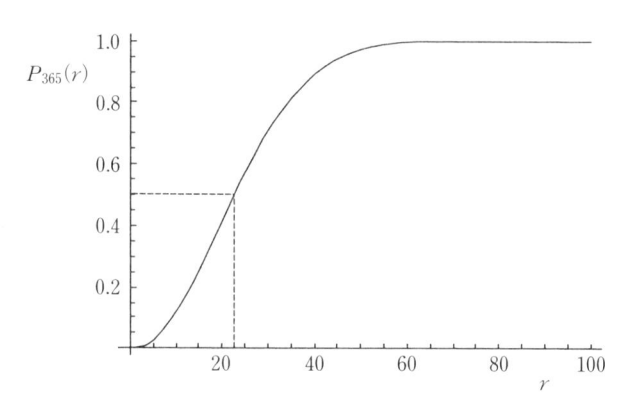

図 3.2 少なくとも 2 人が同じ誕生日である確率

　0.5 の目盛りから延びる水平な直線をたどると、r の値は 20 より少し大きいことがわかる。そしてこの近辺の値をいくつか計算した表 3.1 より、r の臨界値は 23 となることがわかる。つまり、少なくとも 2 人の誕生日が同じである確率が 50% を超えるためには、たった 23 人を集めればよいのである。この数を見て驚いた人も多いのではないだろうか。
　この結果を具体的な状況に置き換えてみよう。審判 1 人と、ひとつのチームが 11 人の選手で構成されるイギリスのサッカーの試合を考えたとき、この 23 人のなかに誕生日が同じである 2 人の選手が存在する見込みが高い。サイエンス・ジャーナリストのロバート・マシュー氏はこの理論を立証するために、1996 年 4 月 19 日に行われたプレミアリーグから 10 試合を選び、誕生日のデータを集めて表にした。表 3.2 がその結果である。見込みを約 51% 以上として理論的に考えると、10 試合中、約 5 試合で誕生日が同じ者がいると考えられる。実際に表を見ると 6 試合が確認でき、これはそれほど悪い確率ではない。

前提

　本章では初めから誕生日が 1 年中均等に分布していることを前提としている。これは厳密には正しくないが、計算上便利ではある。とは言うものの、

r	$P_{365}(r)$
21	0.443688
22	0.475695
23	0.507297
24	0.538344
25	0.568700

表 3.1　棄却域（臨界領域）

対　戦	誕生日の一致
(1) アーセナル対ブラックバーン	一致なし
(2) アストン・ヴィラ対トッテナム	エヒオグとヨーク (11月3日)
(3) チェルシー対レイチェスター・シティ	ペトレスクとモリス (12月22日)
	ヒューズとエリオット (11月1日)
(4) リヴァプール対マンチェスター・ユナイテッド	ジェイムズとライト (8月1日)
	バットとP・ネヴィル (1月21日)
(5) ミドルズブラ対サンダーランド	ジョンストンとワドル (12月14日)
(6) ニューカッスル対ダービー	一致なし
(7) ノッティンガム・フォレスト対リーズ	マーティンとハル (8月11日)
(8) シェフィールド・ウェンズデイ対ウィンブルドン	一致なし
(9) サウザンプトン対コベントリー	ベナリとウィーラン (12月30日)
(10) ウェストハム対エヴァートン	一致なし

表 3.2　プレミアリーグ10試合からのデータ

当然のことながら一様でないことで、誕生日が一致する確率が増加することが証明されている[*1]。T・ナップ氏は1982年の論文[*2]の中で、経験的見地よりこの問題を調査している。その調査データはニューヨーク州モンロー郡における1941年から1968年までの28年間の誕生日の情報から集められた（微小変動を取り除くために28年間という期間が選ばれた）。その結果、そ

の相違は非常に小さいものであった。

それではうるう年ではどうだろう。ここでもさほど違いは生じない。2月29日に生まれる確率をその日以外に生まれる確率の25%であると仮定し、1年を365.25日として考える。このとき無作為に選んだ人の誕生日が2月29日となる確率は0.25/365.25となり、その日以外の特定の日となる確率は1/365.25となる。さらに（少しだけ詳細な）計算をすると、23という不思議な数が再び出現し、その確率は0.5068…となり、うるう年ではない年のときとさほど違いはなくなる。

一般化

この問題を一般化する簡単な方法がある。たとえば、少なくとも2人が同じ誕生月、または同じ星座である確率が50%を超えるためには、何人の人を集めればよいかと尋ねるとしよう。$P_n(r)$の式で$n=12$とすると、$r=4$のとき確率は0.427083…となり、$r=5$のとき0.618056…となる。

さらにややこしい問題として、少なくとも$3, 4, \cdots, m$人の人が同じ誕生日となる確率が50%を超えるときの、最小の人数rを求めるというものがある。R・J・マクレガーとG・P・シャノンらは、2004年の彼らの論文[*3]の中で、「分割の理論」を用いてこれを分析している。表3.3はmとrの最初のいくつかの値を表したものだ。

それでは最後に1年を365日としたとき、r人のうち誕生日が「ニアミス」である確率を求めてみる。厳密には次の確率を求める。

$$P_r（\geq 2\text{人の誕生日の差} \leq d\text{日}）$$

この問題もかなり難しい[*4]。計算より

$$P_r（\geq 2\text{人の誕生日の差} \leq d\text{日}）= 1 - \left[\left(365^1(364-rd)! - \frac{r}{(365-(d+1)r!)}\right)\right]$$

となる。マシュー氏はサッカーの例（$r=23$）を用いて、誕生日が同じまたはその前後の日が誕生日（$d=1$）となる確率は0.888…であると計算した。

m	r	m	r
2	23	9	985
3	88	10	1181
4	187	11	1385
5	313	12	1596
6	460	13	1813
7	623	14	2035
8	798	15	2263

表 3.3　誕生日の多重複

d	r
0	23
1	14
2	11
3	9
4	8
5	7
7	6

表 3.4　2つの誕生日の差が1週間以内

これは10試合中、約9試合でその状況が期待できることを意味している。実際に彼の完全なるデータを用いると、10試合すべてが当てはまる。

次に、ひとつ前の式を用いて、任意の d の値に対し

$$P_r(\geq 2 \text{人の誕生日の差} \leq d \text{ 日}) \approx 0.5$$

となる最小の r の値を計算する。表3.4は d の値が0と7の間における確率を計算した結果で、1行目のデータは誕生日のパラドックスを反映し、最後の行もまた非常に驚く結果となっている。つまりこれは6人家族において、そのうちの2人の誕生日の差が1週間以内である確率が50%を超えて

誕生日のパラドックス　*41*

いることを意味している。

ハルモス氏の美しい解答

　長年にわたって数多くの本を執筆し、教壇に立ち、人々を感激させてきた故ポール・ハルモス氏は、「コンピュータは重要であるが数学ほどではない」という言葉を残している。とくに彼は、自伝『数学者になりたい（*I want to be a mathematician*）』の中で、誕生日のパラドックスが計算的手法——本章の「標準的な解法」の節で説明したもの——により習慣的に解かれているという事実を嘆いている。ハルモス氏は、誕生日のパラドックスは必然的に解析学の影響を受けやすいという見解を述べ、その主張を正当化するために次のような議論を展開した。その方法は、大きな数 n に対する確率の実用的な漸近的評価を作り出すと同時に、大変美しいものでもある。

　彼は自伝で次のように述べている。

　問題に取り組むのによい方法は、それを逆にした主張を考えることである。つまり、すべての人が異なる誕生日となる確率が 1/2 より小さいとき、そのグループは最大何人となるか？と問えばよい。

つまり、任意の n に対して

$$\frac{n}{n} \times \frac{n-1}{n} \times \frac{n-2}{n} \times \cdots \times \frac{n-(r-1)}{n} < \frac{1}{2}$$

または

$$1 \times \left(1-\frac{1}{n}\right) \times \left(1-\frac{2}{n}\right) \times \cdots \times \left(1-\frac{r-1}{n}\right) < \frac{1}{2}$$

を満たすもっとも大きな r を求めればよい。ここで相加相乗平均の不等式を思い出す。これは任意の正の数 r に対して

$$\sqrt[r]{a_1 a_2 a_3 \cdots a_r} \leq \frac{a_1 + a_2 + a_3 + \cdots + a_r}{r}$$

となり、すべての数が等しいときのみ、これが等式となるというものだ。ここで

$$a_k = \left(1 - \frac{k-1}{n}\right) \qquad (k=1, 2, 3, \cdots, r)$$

とすると

$$\sqrt[r]{1 \times \left(1 - \frac{1}{n}\right) \times \left(1 - \frac{2}{n}\right) \times \cdots \times \left(1 - \frac{r-1}{n}\right)}$$
$$\leq \frac{1 + \left(1 - \frac{1}{n}\right) + \left(1 - \frac{2}{n}\right) + \cdots + \left(1 - \frac{r-1}{n}\right)}{r}$$
$$= \frac{1}{r} \sum_{k=0}^{r-1} \left(1 - \frac{k}{n}\right)$$
$$= \frac{1}{r} \left(\sum_{k=0}^{r-1} 1 - \sum_{k=0}^{r-1} \frac{k}{n}\right)$$
$$= \frac{1}{r} \left(r - \frac{1}{n} \times \frac{r-1}{2} \times r\right)$$
$$= \left(1 - \frac{r-1}{2n}\right) \approx \left(1 - \frac{r}{2n}\right)$$

が得られ

$$1 \times \left(1 - \frac{1}{n}\right) \times \left(1 - \frac{2}{n}\right) \times \cdots \times \left(1 - \frac{r-1}{n}\right) \leq \left(1 - \frac{r}{2n}\right)^r$$

となる。

　この不等式から $1 - r/(2n) \leq e^{-r/(2n)}$ という結果を得るために、$x \geq 0$ のとき $1 - x \leq e^{-x}$ となることを使う。これを用いると

誕生日のパラドックス

$$1 \times \left(1 - \frac{1}{n}\right) \times \left(1 - \frac{2}{n}\right) \times \cdots \times \left(1 - \frac{r-1}{n}\right)$$
$$\leq \left(1 - \frac{r}{2n}\right)^r \leq (e^{-r/(2n)})^r = e^{-r^2/(2n)}$$

となる。そして $e^{-r^2/(2n)} \leq \frac{1}{2}$ となる最小の数 r を見つければ

$$1 \times \left(1 - \frac{1}{n}\right) \times \left(1 - \frac{2}{n}\right) \times \cdots \times \left(1 - \frac{r-1}{n}\right) < \frac{1}{2}$$

を満たす最小の数 r の上界が求まる。$e^{-r^2/(2n)} \approx \frac{1}{2}$ を等式として考え、両辺の自然対数をとると

$$-\frac{r^2}{2n} \approx -\ln 2 \quad \text{そして} \quad r \approx \sqrt{2\ln 2}\sqrt{n} \approx 1.18\sqrt{n}$$

となる。

　よってこの式が成り立つためには、n の大きさが大きいグループに対し、最大 $1.18\sqrt{n}$ 人のサンプルが必要となる。そして、この条件を満たすのに必要な最小の数は位数 $\sqrt{n}$ であるという主張により、誕生日のパラドックスの驚くべき結果を数値で表すことができる。この波打った近似記号を使うと、$n=365$ のとき、非常に正確な評価 22.54 が簡単に得られる。

　ハルモス氏は続けてこう述べている。

　その理由は数学科の学生全員がすぐに利用すべき重要な道具に基づいている。誕生日問題は、機械的な操作よりも純粋思考の方が優れているという素晴らしい実例であった。すなわち不等式を用いると 1、2 分で求められるのに対し、掛け算ではより時間がかかり、間違いを犯しやすい。その道具が鉛筆や古いタイプのコンピュータであろうと関係ない。計算機が生み出せないものは、理解力や数学的手段、そしてより高度で一般化された理論に対する堅固な基盤である。

　また、計算機（やコンピュータ）は結局のところ、非常に大きな数を処理

することができない。だがこの誕生日のパラドックスの結果は、これから説明するように、大きな数を処理するためのまさにその仕組みを与える。

GUID——パラドックスの実用化

　誕生日のパラドックスは非常に斬新なもので、実際に暗号学、並び替え、そして特定のコンピュータを識別する GUID(グーイッド) と呼ばれるやや難解な暗証番号など、さまざまな分野で応用されている。ハルモス氏のアイデアから導かれた評価を用いて、これらのグローバル一意識別子(GUID)を調べることができる。

　各 GUID は 128 ビットの長さで、つまり 16 進数 32 桁で書かれている。各種のアルゴリズムを用いて、このような数を提供しようとする数多くのインターネットのサイトが存在する。あるサイトでは次のように説明している。

　GUID.org は、ウェブブラウザに匿名のユーザ ID を割り当てるインターネットサービスである。匿名のユーザ ID を、数多くの目的に応じて他のウェブサイトで利用することができる。たとえばあるサイトでは、サイトに戻ってきたときに、あなた本人であることを認証するのにあなたの GUID が使われている。
　GUID.org は各ブラウザに、一意的で、本質的にランダムな 16 バイトのユーザ ID、つまり 16 進数 32 桁として表現されるものを割り当てている。この ID は、要求側の IP アドレスやサーバーの IP アドレス、日付、そして時間を連結した文字列に、MD 5 ハッシュを適用することにより構成される。ID は GUID.org からの cookie として設定される。

　コンピュータの特殊用語はさておき、重要なことは、GUID はランダムに生成されており、それは 128 ビットの長さで、おそらく一意のものであるということだ。そして、再びサイトに訪れるときの認証に使われる場合、それが一意であるということがポイントなのである。私がサイトに要求したときに割り当てられた GUID は、16 進法の標準桁 $\{0, 1, 2, 3, \cdots, 9, A, B, \cdots, F\}$

を用いた

$$B\,46\,F \quad DD\,75 \quad A\,69\,B \quad 809\,F \quad 3\,A\,16 \quad 636\,C \quad C\,892 \quad 116\,F$$

であった。

　はたして一意の認証コードとして、1つの数を安全に使うことができるのだろうか？　またこのランダムなプロセスにより、以前使用されたGUIDが再度現れるのは確実だが、その確率はどうなのか？　これこそ $n=2^{128}$ とする誕生日問題の形を変えたものである。上記の結果を用いると、前回使用されたものと一致する直前までに生成されるGUIDの合計は、約 $1.18 \times \sqrt{2^{128}} = 1.18 \times 2^{64} \approx 2.18 \times 10^{19}$ となる。これは非常に大きな値である。

　どのくらいの大きさかというと、もし1時間につき100,000個のGUIDが毎日生成されているとすると、この値までにたどり着くには約220億年かかる。一方、宇宙の歴史は120〜150億年である。このシステムが安全であるといわれるのはもっともである。

　最後に、誕生日のパラドックスの結果を一般に応用させた論文をひとつ、巻末の註に紹介しておいた[*5]。

Chapter 4　回転テーブル

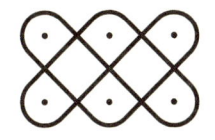

> 数学においては、概念を理解しているのではなく、ただそれに慣れているだけである。
>
> ——ジョン・フォン・ノイマン

オリジナルの問題

マーティン・ガードナー氏はサイエンティフィック・アメリカン誌の1979年2月号のコラムで、「出所不明の楽しい組み合わせ問題」を世界中に発信した。その中でガードナー氏は、この問題はトロント在住のロバート・タッペイ氏から提供されたもので、おそらくロシアがオリジナルだろうとコメントしている。

中心に1本の脚があり、その脚を軸に自由自在に回転することができる正方形のテーブルを考える。四隅にはワイングラスを収容できるポケット状の深い穴があり、外からグラスを見ることはできない。また、テーブルには装置がとりつけられ、すべてのグラスが同じ方向を向くとベルが鳴るようになっている。実験は4つの穴にグラスを上向き、または下向きにランダムに入れるところから始まる。ひとりの人がそのテーブルに向かって座り、任意の2つの穴を同時に選ぶ。その2つの穴からグラスを取り出し、グラスを上向きか下向きか好きな方向にして元の穴に戻す。そして、どの角が前に来たのか判別できないようにテーブルを回転させ、止まったときに同じ手順を繰り返す。

これを数回繰り返すと、偶然にベルが鳴るときもあるし、鳴らないときも

ある。問題は、有限回の回転で必ずベルを鳴らす手順を見つけることができるかである。これは確率の問題ではない。また最終的にベルが必ず鳴るはずだという議論でもない。ベルが鳴るのは確実なのである。

2つの単純なケース

大抵の場合、問題をより単純なケースで考えるとわかりやすくなる。この問題では、細長い板の両端に計2つの穴があるテーブルや、3つの穴がある正三角形のテーブルに置き換えて考える（図4.1参照）。

まずはじめに気がつくのは、最初にランダムにグラスを入れる際は必ず異なる方向になっていると仮定できることだ。そうでなければ、ベルがすぐに鳴ってしまうからである。

2つの穴があるテーブルの場合は非常に簡単だ。最初に2つのグラスを入れたときにはベルが鳴らないので、テーブルを回転させ2つのグラスを取り出し、2つのグラスが同じ方向になるよう、どちらか一方のグラスを反転させればよい。

次に各頂点に穴がある正三角形のテーブルで考える。この場合は、次の手順で必ずベルが鳴る。

（1） 任意の2つの穴からグラスを取り出す。もし2つとも同じ向きなら、両方ともグラスを反転させる。するとベルが鳴る。もし2つの向きが違っていたら、下向きのグラスを上向きに変える。
（2） もしそれでベルが鳴らなかったら、テーブルを回転させ、任意の2つの穴からグラスを取り出す。もし2つとも同じ向きなら、両方のグラスを反転させる。するとベルが鳴る。もし2つの向きが違っていたら、下向きのグラスを上向きに変える。そうすればベルが鳴る。

この2つの例より、穴が4つの場合でも解がありそうな気がする。それではオリジナルの問題を考えてゆこう。

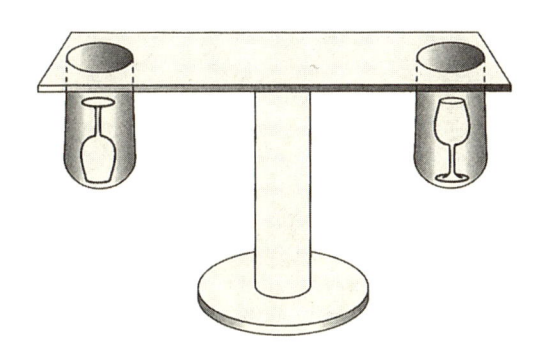

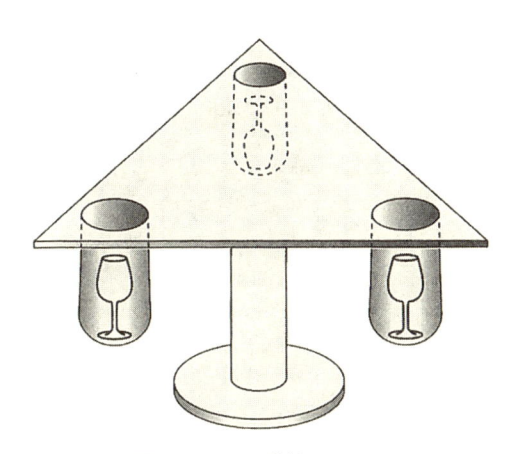

図 4.1 2つの単純なケース

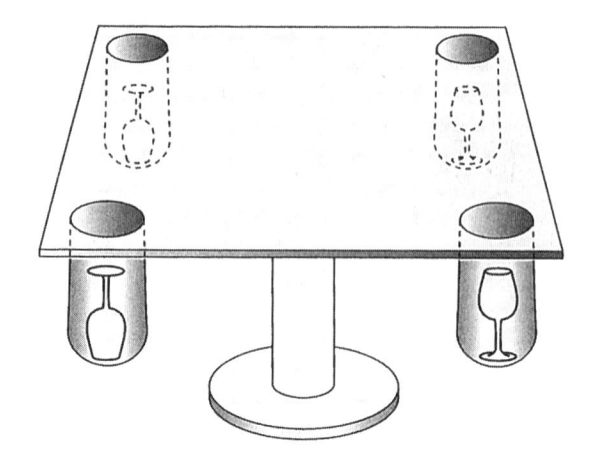

図 4.2 正方形のテーブル

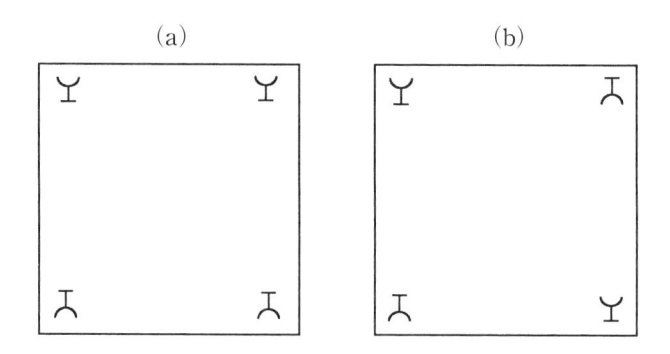

(a) (b)

図 4.3 2つの確実な配列

オリジナルの問題の解答

　図 4.2 がオリジナルの問題のテーブルである。ここで最初に重要になるのは、穴の選択肢は、隣接する 2 つの穴と、対角線に位置する 2 つの穴の 2 種類のみであるという点だ。この選択が交互に行われるということも明らかである。さもなければ、永遠に同じ 2 つの穴を調べるという可能性も出てくるからである。これを念頭に置いてベルが必ず鳴る手順を調べる。

（1）対角線に位置する任意の2つの穴からグラスを取り出し、両方とも上向きになるように方向を変える。
（2）それでベルが鳴らなかったら、テーブルを回転させ、隣接する任意の2つの穴からグラスを取り出す。もし2つとも上向きだったら、そのまま穴に戻し、そうでなければ下向きのグラスを上向きに変える。それでもベルが鳴らなかったら、この時点で3つのグラスが上向きで、1つが下向きであることが明らかとなる。
（3）テーブルを回転させ、対角線に位置する任意の2つの穴からグラスを取り出す。もし片方のグラスが下向きだったら、それを上向きに変える。するとベルが鳴る。もし2つとも上向きなら、どちらか一方を反転させる。このときの各グラスの向きは図4.3(a)のようになる。
（4）テーブルを回転させ、隣接した任意の2つの穴からグラスを取り出し、両方とも反転させる。もしこれらが同じ向きだったら、そこでベルが鳴る。そうでなければ、各グラスの向きは図4.3(b)のようになる。
（5）テーブルを回転させ、対角線に位置する任意の2つの穴からグラスを取り出し、両方とも反転させる。これで確実にベルが鳴る。

このことから、この問題では多くても5回テーブルを回転させると確実にベルが鳴ることがわかった。これは最小限の回数であるが、もしそれにこだわらず、またグラスの向きも考慮しないなら、次の7つのステップで自動的に解くことができる。

（1）任意の対角線の組を反転させる。
（2）任意の隣接する組を反転させる。
（3）任意の対角線の組を反転させる。
（4）どれかひとつのグラスを反転させる。
（5）任意の対角線の組を反転させる。
（6）任意の隣接する組を反転させる。
（7）任意の対角線の組を反転させる。

一般化

　2つの穴の問題は非常に簡単で、3つの穴の場合もそれなりに簡単だった。4つの穴の問題はけっこう難しかったが、それでは5つの穴の場合はどうだろう？　実は、状況は激変するのである。というのは、5つ（またはそれ以上）の角をもつテーブルの場合、有限回の回転でベルを必ず鳴らすことができるアルゴリズムは存在しないからである（第6章で、5つ以上になると急激に変化する2つ目の例を扱う。この状況は数学では決して珍しくない）。

　このオリジナルの問題の解答はサイエンティフィック・アメリカン誌の1979年3月号のコラムに掲載された。当然のことながら、数学者たちは2月から3月にかけて活動的になった。というのも、そのコラムには、ロナルド・L・グラハム氏とパーシ・ダイアコニス氏から提供された次の2つの一般化が掲載されていたからだ。

（1）　このゲームのプレーヤーを k 本の腕をもつ「タコ」に置き換え、n 個の角をもつテーブルに着かせた場合、ベルを必ず鳴らすことができるか？
（2）　これらのグラスを、上下2つの方向より多くの方向をもつ物体に置き換えた場合、ベルを必ず鳴らすことができるか？

　数学者たちは、最初の問題に対して次のような部分的な解答を示した。素数である n 個の角をもつテーブルの場合、ベルを必ず鳴らすために必要な最小の腕の数は $n-1$ であり、n が素数でなければ、その最小の数は高々 $n-2$ となる。上で言及した5つの角をもつテーブルの場合、つまり $k=2$ と $n=5$ の場合にも、これがあてはまる。

　その後スタンフォード大学のウイリアム・T・ラッサー氏とライル・ラムショー氏が、一般化された最初の問題を完全に解いた。彼らの答えは、n 個の角をもつテーブルに対し、ベルを必ず鳴らすことができる最小の腕の数は $k=(1-1/p)n$ となるというものである。このとき p は n の最大の素因数である（この式はジェームス・ボイス氏が予想したものである）。これは前述

の n が素数の場合（つまり $n=p$）にもあてはまる。

ラッサーとラムショーの解答[*1]は、そのすべてを本書で扱うにはあまりにも長すぎる。そこで彼らの解答の最初の部分、$(1-1/p)n$ は k の最小数であるという部分を考えてゆこう。つまり $k<(1-1/p)n$ のとき、必ずベルを鳴らすことができるとはいえないことを示す。

最初に下準備をする。

素数 p を法としたときの整数の代表値の集合 $\{0,1,2,\cdots,p-1\}$ を考える。任意の数 r から始め、まず1ずつ整数を進めてゆく（p を法として考える）。その場合、最初の数に再び戻る前に、すべての整数を訪れることは明らかである。そこで次に j ずつ進めていくことにしよう（このとき $2 \leq j \leq p-1$ である）。このとき p を法とする整数の集合 $\{r+\alpha j : 0 \leq \alpha \leq p-1\}$ ができる。これらの数のうち2つの数が等しいなら、p を法として $r+\alpha j = r+\beta j$ となる。つまり、これは $(\beta-\alpha)j$ が p で割り切れることを意味する。p は素数で、j は p で割り切れないので、$\beta-\alpha$ が p で割り切れることになり、$\beta=\alpha+Np$ と表せられる。要するに、どの数から始めても、その数に戻る前に、すべての整数を訪れることになるというわけだ。

ここまでを踏まえた上で、ラッサーとラムショーの解を2つの部分に分けて考えてみよう。

（1）　$n=p$ は素数であると仮定する。このときプレーヤーが $p-1$ 本より少ない腕をもつなら、必ずベルが鳴るとはいえない。

プレーヤーが $p-1$ 本より少ない腕をもつとき、素数である n 個の角をもつどんなテーブルに対しても、検査されない穴が毎回少なくとも2箇所残る。ここでこれらの穴を「ギャップ」と呼び、その間の距離を j と仮定する。さて先ほどの下準備で、任意の穴から始め、距離 j ずつテーブルの周りを回るとき、開始地点に戻る前にすべての穴を訪れるということを述べた。

穴に入るグラスは上向きでも下向きでもいいので、一方を向くグラスから、もう一方を向くグラスとの距離がちょうど j となる場合がある。したがって、j だけ離れたギャップに異なる向きのグラスが入るようにたまたまテーブルが配置されている場合、ベルは決して鳴らない。そして、この手順は

回転テーブル　　53

(a)　　　　　　　　　(b)

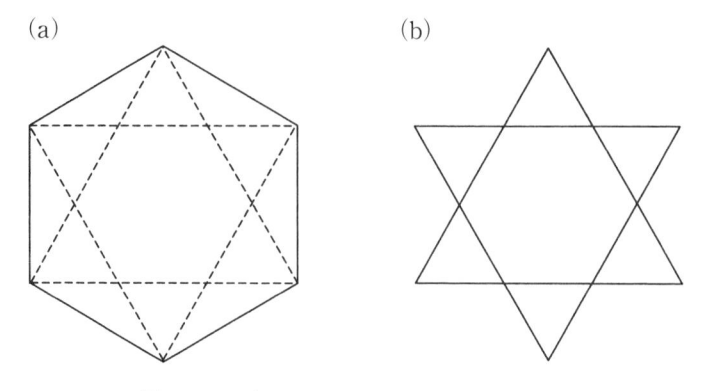

図 4.4　メインのテーブルとそのサブテーブル

永遠に繰り返される可能性があるので、ベルが鳴らないことがあり得ることになる。

（2）　$n \geq 2$ は合成数で、p はその最大の素因数であると仮定する。このときプレーヤーが $(1-1/p)n$ 本より少ない腕をもつなら、必ずベルが鳴るとはいえない。

　基本的にこの議論はひとつ前のケースと同じである。まず $n=pl$ とする。そして、テーブルを全体として考えるのではなく、p 個の角をもつサブテーブルが l 個存在するとして考える。たとえば $n=6=3 \times 2$ の場合、図 4.4(a) の六角形のメインテーブルを、図 4.4(b) のように 2 つの正三角形のサブテーブルの重ね合わせとして考えることができる。
　このプレーヤーは

$$\left(1-\frac{1}{p}\right)n = \left(1-\frac{1}{p}\right)pl = (p-1)l$$

本より少ない腕をもつので、メインテーブルを調べると、少なくとも 1 つのサブテーブルは、少なくとも 2 つのギャップをもつことになる。というのは、どのサブテーブルも多くて 1 つのギャップしかもたないならば、プレー

n	N	n	N	n	N	n	N
4	2	20	16	36	24	52	48
5	4	21	18	37	36	53	52
6	4	22	20	38	36	54	36
7	6	23	22	39	36	55	50
8	4	24	16	40	32	56	48
9	6	25	20	41	40	57	54
10	8	26	24	42	36	58	56
11	10	27	18	43	42	59	58
12	8	28	24	44	40	60	48
13	12	29	28	45	36	61	60
14	12	30	24	46	44	62	60
15	12	31	30	47	46	63	54
16	8	32	16	48	32	64	32
17	16	33	30	49	42	65	60
18	12	34	32	50	40	66	60
19	18	35	30	51	48	67	66

表 4.1 n 個の角をもつテーブルに必要な最小の腕の数 N

ヤーは少なくとも $l \times (p-1) = (p-1)l$ 本の腕をもつ必要があるからだ。ここで、1つのサブテーブルに、j の距離をもつ2つのギャップがあると仮定しよう。

　サブテーブルの穴には、上向きのグラスも下向きのグラスも入っているとする。そして n が素数のときのように、距離 j ずつテーブルの周りを回ると、以前と同じように、開始地点に戻る前にすべての穴を訪れることになる。つまり距離が j 離れた2つの穴が存在し、一方の穴には「上向き」のグラスが、そしてもう一方には「下向き」のグラスが入っているということである。2つのギャップをもつサブテーブルのそのギャップに、異なる向きのグラスが入っているとし、そのサブテーブルに他のサブテーブルを重ね、メインテーブルを作ると、メインテーブルには上向きのグラスも下向きのグラスもあるので、ベルは決して鳴らない。これが永久に続く可能性があるの

図 4.5

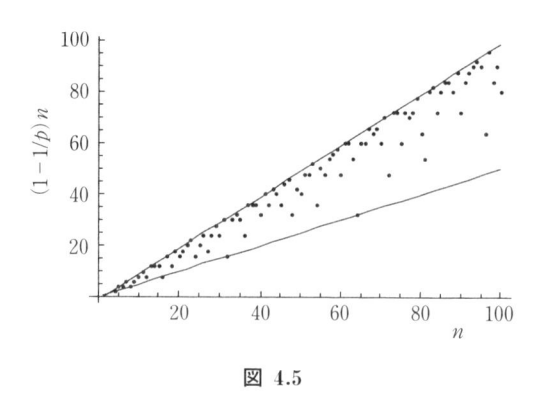

で、ベルが必ず鳴るという可能性が否定されたことになる。

さて、ついでに次のことを言っておこう。$n>2$ に対して

$$\left(1-\frac{1}{p}\right)n = \frac{p-1}{p}n$$

となるので、$p=2$ のとき n は 2 の累乗となる。そして $p>2$ のとき $p-1$ は偶数となる。かなり不思議なことだが、どちらにしろ $(1-1/p)n$ は偶数となるのだ。

それでは表 4.1 と図 4.5 を説明して、この議論を終えることにしよう。まず表 4.1 は、n の最初のいくつかの値に対する $N=(1-1/p)n$ の値である。そして図 4.5 は 100 までの n に対する N のグラフである。このグラフの傾向は一目瞭然であるが、n が 2 の累乗、つまり $p=2$ で $(1-1/p)n=\frac{1}{2}n$ のとき、規則的に値が乱れているのがわかる。

実際、N に対して次の不等式が存在することは明らかである。

$$\frac{1}{2}n \leq N \leq n-1$$

これは、n が 2 の累乗のときには下の限界値 $\frac{1}{2}n$ で、n が素数のときには上の限界値 $n-1$ となる。そしてこれらは、直線 $y=\frac{1}{2}n$ および $y=n-1$ 上の点として図 4.5 で示されている。

56

Chapter 5 完全順列

> ガウスは平方剰余の相互法則に対して、10個の異なる証明を与えたそうです。素晴らしい定理は複数の証明をもつべきで、それは多ければ多いほどよいのです。それには2つの理由があります。ひとつは、通常、異なる証明には異なる利点と欠点が存在するということ、そしてもうひとつは、異なる証明はさまざまな方向へと一般化するということ。つまり、それらの異なる証明は、たんに他を模写したものではないのです。
>
> ──サー・マイケル・アティヤ

　本章では、ある有名な古い問題を3種類の異なる啓発的な方法で見てゆき、そこから生じる3つの意外な事実を考えてゆく。

トランプゲーム

　トレーズ(treize)とはフランス語で13を表すと同時に、18世紀に一般に遊ばれたトランプゲームの名前でもある。これは単純に1人でも遊べるが、古典的なやり方では、複数の人が通常お金を賭けてプレーをする。それではこのゲームの説明を、最初にこの問題を分析し、高い評価を得ている人物にお願いするとしよう。

　プレーヤーたちがカードを1枚ずつ引き、引いた数で最初にプレーをする人を決める。最初のプレーヤーをピエールと仮定する。プレーする人数は何人でもかまわない。ピエールは、シャッフルした一組52枚のトランプを手にもち、1枚ずつカードをめくってゆく。このとき、1枚目のカードを1とし、2枚目のカードを2、3枚目のカードを3、というよ

うに順番に番号をつけ、13番目のカードまでめくってゆく。このように カードをめくってゆくと、カードの数と番号が一致せずに13枚をめくり終えてしまう場合がある。このときピエールは負けとなり、各プレーヤーにそれぞれの賭け金を支払い、右隣の人へ順番をまわす。もしピエールがカードをめくっている途中で、めくったカードの数と番号が一致したとき、たとえば番号1のカードがエースであったり、番号2のカードが2であったりした場合、そこでピエールの勝ちとなり、再び同じように最初から1、2、3、…と番号をつけながらカードをめくってゆく。

ピエールが何度も勝ち続け、繰り返し番号をつけながらカードをめくってゆくと、しまいには手元のカードがなくなる可能性が出てくる。途中で手元のカードがなくなった場合、めくり終わった52枚のカードをシャッフルし、他の人も切ったあとに、いったん中止したところからゲームを再開する。たとえば、最後にめくったカードの番号を7とした場合、まずすべてのカードをシャッフルし、そこからカードを8、9、…13と番号をつけながらめくってゆく。そしてまた途中で彼が勝った場合、最初からゲームを始め、同じように番号を順番につけてゆく。そうなると、ピエールは次々と何回も勝つことが可能で、さらに永久にそのゲームを続けることも可能であるかのように見える。

この引用は、ピエール・レモン・ド・モンモールの本[*1]からの抜粋で、リチャード・J・パルスカンプの訳をもとにしたものである。モンモールはこの引用のあとに、典型的な数学的方法を用いて簡単なケースを分析し、(ニコラス・ベルヌーイによる重要な貢献を使って) 完全解へと話を進めている。のちに、ド・モルガンやオイラー、ランベルト、ラプラスといった他の著名人たちがこの問題のバリエーションを考察しているが、本章では、おそらくこの問題のもっとも一般的で近代的であると思われるものを考えてゆく。そのもっとも一般的な名前は、フランス語で「偶然の出会い」という意味のランコントル (rencontre) と呼ばれ、13枚のカードが、一組のトランプである52枚のカードに置き換えられる。それでは、これを考察したオイラーの論文[*2]から引用して、その説明をしてもらうことにしよう (これももち

ろんパルスカンプの訳である)。

ランコントルというゲームは、それぞれ一組のトランプをもつ2人の人物が、同時にカードを1枚ずつめくってゆき、2人のめくったカードが同じとき一方が勝ち、もしその偶然がまったく起こらなければもう一方が勝ちという、偶然に左右されるゲームである。このゲームが問いかけているのは、2人がそれぞれ勝つ確率はどれくらいかということだ。

一方のカードの順番がどのようなものであろうと、もう一方のカードは何らかの順列から成り立っている。そこで、偶然がまったく起こらない確率を考えることで、片方のプレーヤーの視点でゲームを調べてゆく。

完全順列とは？

どの要素も固定しない順列のことを「完全順列」と呼ぶ。言い換えれば、n 個の要素からなる完全順列とは、先頭から数えた位置にその位置の番号の要素がない（たとえば先頭から2番目の要素が2ではない）、つまり固定点のない順列のことである。n 個の要素からなる完全順列の個数を普通 $!n$ と表現し、n の部分階乗 (subfactorial) と呼ぶ。

当然のことながら、すべての順列が完全順列というわけではない。たとえば $\{1,2,3,4,5\}$ の順列のひとつ $\{5,1,2,3,4\}$ は、どの数も元の場所に位置していないので完全順列である。しかし $\{5,2,1,3,4\}$ の場合、2の位置が固定されたままなので完全順列ではない。

モンモールの方法をとり、もっとも単純な3つのケースを考えてみよう。まず $\{1\}$ の順列には完全順列が存在しないことは簡単にわかる。次に $\{1,2\}$ の順列は1つの完全順列 $\{2,1\}$ をもち、$\{1,2,3\}$ の順列は2つの完全順列 $\{2,3,1\}$ と $\{3,1,2\}$ をもつ。部分階乗を用いて表すと

$$!1=0 \qquad !2=1 \qquad !3=2$$

となる。普通に考えると、ここで次の質問が頭に浮かぶだろう。n 個の異なる要素をもつとき、完全順列の個数 $!n$ はいくつになるか？

この $!n$ の値が求まれば、n 個の要素をもつ順列が完全順列となる確率の一般式 $p_n = !n/n!$ を求めることができる。この p_n とは、n 個の要素をもつ順列が完全順列となる確率のことである。

この問題に取りかかる前に $D_n = !n$ と表すことにする。というのは、$!n$ は標準の表記法であると説明したが、$!n$ を使用すると、$!n$ と $n!$ の両方を含む表現のとき、視覚的に不都合が生じるからである。たとえば、大抵の場合は問題ないが、$!n!$ の場合には不明瞭になる。具体的には、$!3!$ は $(!3)! = 2! = 2$ ともとれるし、$!(3!) = !6 = 265$ ともとれる。これを D_n を用いて比較すると、それぞれ $D_3! = 2$、$D_{3!} = 265$ となる。

1つ目の解法

まずはじめに D_n に対する漸化式を見つけよう。

$\{a_1, a_2, a_3, \cdots, a_n\}$ が $\{1, 2, 3, \cdots, n\}$ の完全順列のとき、$a_1 \neq 1$ となり、1 には $n-1$ 通りの可能性がある。そこで $a_1 = 2$ であると仮定する。ここで、d_n を $a_1 = 2$ とする完全順列の総数とすると、$D_n = (n-1)d_n$ となる。すると次の2つの可能性がある。

（1） $a_2 = 1$ のとき：この場合の完全順列は $\{2, 1, a_3, a_4, a_5, \cdots, a_n\}$ という形になる。このとき $\{a_3, a_4, a_5, \cdots, a_n\}$ は $\{3, 4, 5, \cdots, n\}$ の完全順列で、その総数は D_{n-2} である。

（2） $a_2 \neq 1$ のとき：$\{a_2, a_3, a_4, \cdots, a_n\}$ は $\{1, 3, 4, \cdots, n\}$ の完全順列で、その総数は D_{n-1} である。

これらを組み合わせると、$d_n = D_{n-1} + D_{n-2}$ となり、式

$$D_n = (n-1)(D_{n-1} + D_{n-2}) \qquad (n \geq 3)$$

が成り立つ（これは D_n が $n-1$ で割り切れることを意味する）。

$D_1 = 0$、$D_2 = 1$ であることはわかっているので、この関係式より、任意の n に対する D_n を求めることができる。表 5.1 は最初のいくつかを示したも

n	D_n
1	0
2	1
3	2
4	9
5	44
6	265

表 5.1　小さい集合に対する完全順列の総数

のである（この結果と帰納法を用いて、$D_n = nD_{n-1} + (-1)^n$ と簡単に求めることもできる）。

ではこれから $p_n = D_n/n!$、つまり n 個の要素からなる順列が完全順列となる確率を求めてゆく。たった今導き出した漸化式より、一般式を求める。

$$\begin{aligned}
p_n &= \frac{D_n}{n!} = \frac{(n-1)(D_{n-1} + D_{n-2})}{n!} \\
&= (n-1)\left[\frac{1}{n}\frac{D_{n-1}}{(n-1)!} + \frac{1}{n(n-1)}\frac{D_{n-2}}{(n-2)!}\right] \\
&= (n-1)\left[\frac{1}{n}p_{n-1} + \frac{1}{n(n-1)}p_{n-2}\right] \\
&= \left(1 - \frac{1}{n}\right)p_{n-1} + \frac{1}{n}p_{n-2} \\
&= p_{n-1} - \frac{1}{n}(p_{n-1} - p_{n-2})
\end{aligned}$$

よって

$$p_n - p_{n-1} = -\frac{1}{n}(p_{n-1} - p_{n-2})$$

となる。ここで p_n に対する漸化式が出た。p_n のもっとも簡単な求め方は、$q_n = p_n - p_{n-1}$ と置き換え、q_n で表された漸化式を次のように項を下げてい

完全順列

くという方法である。

$$q_n = -\frac{1}{n}q_{n-1} = -\frac{1}{n}\left(-\frac{1}{n-1}\right)q_{n-2}$$
$$= -\frac{1}{n}\left(-\frac{1}{n-1}\right)\left(-\frac{1}{n-2}\right)q_{n-3}$$
$$= -\frac{1}{n}\left(-\frac{1}{n-1}\right)\left(-\frac{1}{n-2}\right)\left(-\frac{1}{n-3}\right)q_{n-4}\cdots$$
$$= (-1)^{n-2}\frac{1}{n}\left(\frac{1}{n-1}\right)\left(\frac{1}{n-2}\right)\left(\frac{1}{n-3}\right)\cdots\left(\frac{1}{3}\right)q_2$$

ここで

$$q_2 = p_2 - p_1 = \frac{D_2}{2!} - \frac{D_1}{1!} = \frac{1}{2} - 0 = \frac{1}{2}$$

である。−1 の項を整理すると、q_n の一般式は次のようになる。

$$q_n = (-1)^n \frac{1}{n!}$$

さて、q_n に対する式を p_n を用いて表すと

$$q_n = p_n - p_{n-1}$$
$$q_{n-1} = p_{n-1} - p_{n-2}$$
$$q_{n-2} = p_{n-2} - p_{n-3}$$
$$\vdots$$
$$q_2 = p_2 - p_1$$

となる。これらの両辺のすべてをそれぞれ足すと、右辺の大半の項が消され

$$p_n - p_1 = p_n - 0 = p_n = \sum_{r=2}^{n} q_r = \sum_{r=2}^{n} (-1)^r \frac{1}{r!}$$
$$= \frac{1}{2!} - \frac{1}{3!} + \frac{1}{4!} - \cdots + (-1)^n \frac{1}{n!}$$

となる。そしてこれは

$$p_n = 1 - \frac{1}{1!} + \frac{1}{2!} - \frac{1}{3!} + \frac{1}{4!} - \cdots + (-1)^n \frac{1}{n!}$$

と書き表すことができ、これが探していた確率の式である。

ベルヌーイの解法

この問題に使われた数学的解法をより強力なものにすると、期待通り、その証明はより短くなる。となれば、包除原理に基づくこの極端に短い証明を無視するわけにはいかないだろう。かの有名なニコラス・ベルヌーイはこの一般原理を使って、次のように D_n の式を導き出した（一般原理は付録Aで説明する）。

包除原理を用いると

$D_n = \{1, 2, 3, \cdots, n\}$ の順列の総数
$\quad - \sum_{\{i\}}$ (i を固定した $\{1, 2, 3, \cdots, n\}$ の順列の総数)
$\quad + \sum_{\{i,j\}}$ ($\{i, j\}$ を固定した $\{1, 2, 3, \cdots, n\}$ の順列の総数)
$\quad \sum_{\{i,j,k\}}$ ($\{i, j, k\}$ を固定した $\{1, 2, 3, \cdots, n\}$ の順列の総数)$\cdots$

となり、1で終わる級数となる。この1は、すべての数 n 個を固定した順列の総数である。よって D_n は

$$D_n = n! - n(n-1)! + \binom{n}{2}(n-2)! - \binom{n}{3}(n-3)! + \cdots 1$$

となる。各項の前の部分は固定されている数の組み合わせの数であり、後の部分は残りの順列の数である。これを変形すると

完全順列　63

$$D_n = n! - n! + \frac{n!}{2!(n-2)!}(n-2)! - \frac{n!}{3!(n-3)!}(n-3)! + \cdots 1$$

となる。よって

$$D_n = n!\left(1 - \frac{1}{1!} + \frac{1}{2!} - \frac{1}{3!} + \frac{1}{4!} - \cdots + (-1)^n \frac{1}{n!}\right)$$

となり、再び次の式が出る。

$$p_n = \frac{D_n}{n!} = 1 - \frac{1}{1!} + \frac{1}{2!} - \frac{1}{3!} + \frac{1}{4!} - \cdots + (-1)^n \frac{1}{n!}$$

3つ目の証明

ヒバ・ハスアウトの論文[*3]によると、n 個の要素の $n!$ 通りの並べ方を $n+1$ 個の互いに素な部分集合 $S_0, S_1, S_2, \cdots, S_n$ に分割することにより、$n!$ を計算することができる。ここで S_r は、ちょうど $n-r$ 個の固定点が存在する順列の集合で、S_r にある要素の数を $N(S_r)$ と書き表すことにする。たとえば、2つの固定点が存在すれば、$\binom{n}{2}$ 通りの方法で選ばれる2つの固定点をもつ順列の部分集合 S_{n-2} となる。これを式で表すと次のようになる。

$$N(S_{n-2}) = \binom{n}{2} D_{n-2}$$

さて議論を続けると、$N(S_r)$ を用いて分解される n 個の要素の順列の総数は、次のように求まる。

$$n! = N(S_0) + N(S_1) + N(S_2) + \cdots + N(S_n)$$
$$= \binom{n}{n}D_n + \binom{n}{n-1}D_{n-1} + \binom{n}{n-2}D_{n-2} + \cdots + \binom{n}{0}D_0$$
$$= \sum_{r=0}^{n}\binom{n}{r}D_r \qquad (1)$$

よって

$$n! = \sum_{r=0}^{n}\binom{n}{r}D_r$$

となり、これは二項変換の逆変換・反転表示の特別な形である(詳細は付録Bを参照)。

この結果は次のことを述べている。2つの集合

$$\{a_0, a_1, a_2, \cdots, a_n\} \quad \text{と} \quad \{b_0, b_1, b_2, \cdots, b_n\}$$

が条件

$$b_n = \sum_{r=0}^{n}\binom{n}{r}a_r$$

を満たすとき

$$a_n = \sum_{r=0}^{n}(-1)^{n-r}\binom{n}{r}b_r$$

の式を満たす。この結果は b_r よりも a_r を式の中心として見なしている。

この場合、$b_n = n!$、$a_r = D_r$ とすると

$$b_n = \sum_{r=0}^{n}\binom{n}{r}a_r$$

となり

$$a_n = \sum_{r=0}^{n} (-1)^{n-r} \binom{n}{r} b_r$$

は

$$D_n = \sum_{r=0}^{n} (-1)^{n-r} \binom{n}{r} r!$$

となる。これを計算すると

$$D_n = \sum_{r=0}^{n} (-1)^{n-r} \frac{n!}{r!(n-r)!} r! = \sum_{r=0}^{n} (-1)^{n-r} \frac{n!}{(n-r)!}$$

となる。よって

$$p_n = \frac{D_n}{n!} = \sum_{r=0}^{n} (-1)^{n-r} \frac{1}{(n-r)!} = \sum_{s=0}^{n} (-1)^s \frac{1}{s!}$$

$$\boxed{p_n = 1 - \frac{1}{1!} + \frac{1}{2!} - \frac{1}{3!} + \frac{1}{4!} - \cdots + (-1)^n \frac{1}{n!}}$$

となる。

さて、今まで3つの異なる方法でこの素晴らしい問題を解いてきた。しかし、どこに意外な事実が隠されているのか。そこで n 個の要素における固定点の数の平均（期待値）を調べることで、まず3つの意外な事実のうちの1つ目を明らかにしてゆく。

固定点の期待値

$\{1, 2, 3, \cdots, n\}$ の配列を組み合わせてランダムな順列を作り出す実験を何度も行い、その都度、固定点の数を記録する。そのたびごとに固定点の数は $\{0, 1, 2, \cdots, n\}$ のうちのひとつになるので、その平均 $E(n)$ が計算できる。感覚的に、n が増加すると平均も増加するだろうと思うのが当然な考えかも

n	$E(n)$
3	1.00146⋯
4	1.00048⋯
5	1.00221⋯
10	0.99761⋯
20	0.99522⋯
50	1.00197⋯
100	1.00563⋯
1000	1.00336⋯

表 5.2　順列の固定点の平均数

しれない。しかし、表5.2を見てみよう。

　この表にある値は、まず各 n に対して1000個以上のランダムな順列を作り、固定点の数の平均を求め、その作業を100回以上繰り返すことで導き出したものである。

　固定点の数の平均は、n の大きさに関係なく、1に非常に近い値である。もちろん、表5.2を作ったプログラムが間違っている可能性はなきにしもあらずだが、実際には間違ってはいなかった。固定点の理論上の平均はちょうど1となり、n の大きさとは無関係であることが最終的にわかるが、それを証明したのが以下である。

　$E(n)$ は平均、または期待値の標準表記で

$$E(n) = \sum_{r=0}^{n} r q_r$$

と定義される。ここでの $E(n)$ は $\{1, 2, 3, \cdots, n\}$ の順列の固定点の数の平均で、q_r は固定点の個数がちょうど r となるときの確率である。この場合、q_r は

$$q_r = \frac{\binom{n}{r} D_{n-r}}{n!}$$

完全順列

となる。これは前節での議論において出てきた、$\binom{n}{r}$ 通りの方法で選ばれる固定点の個数が r で、残りの $(n-r)$ 個が完全順列となる場合である。すると、この平均の値は

$$E(n) = \sum_{r=0}^{n} r \frac{\binom{n}{r} D_{n-r}}{n!}$$

となる。この式を評価するために $s=n-r$ と置き換える。すると

$$E(n) = \sum_{s=0}^{n} (n-s) \frac{\binom{n}{n-s} D_s}{n!}$$
$$= \sum_{s=0}^{n} (n-s) \frac{\binom{n}{s} D_s}{n!}$$
$$= \sum_{s=0}^{n-1} (n-s) \frac{\binom{n}{s} D_s}{n!}$$

となる。ここで、1つ目の等式から2つ目の等式へは、次の二項係数の対称性を用いた。

$$\binom{n}{n-s} = \binom{n}{s}$$

これより、式

$$E(n) = \sum_{n=0}^{n-1} (n-s) \frac{n! D_s}{s!(n-s)! n!} = \sum_{s=0}^{n-1} \frac{D_s}{s!(n-s-1)!}$$

が求まる。この式の両辺にそれぞれ $(n-1)!$ を掛けると

$$(n-1)! E(n) = \sum_{s=0}^{n-1} \frac{(n-1)! D_s}{s!(n-s-1)!} = \sum_{s=0}^{n-1} \binom{n-1}{s} D_s$$

となる。この右辺は 65 ページの等式 (1) における n を $n-1$ に置き換えただけの式である。このことから、$(n-1)! E(n) = (n-1)!$ となり、よって n によらない $E(n) = 1$ が求まる。

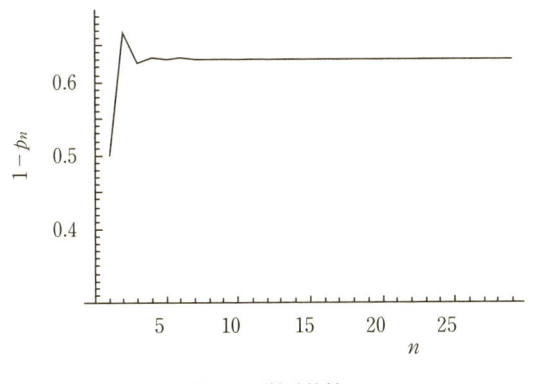

図 5.1　漸近特性

漸近特性

さて、要素の数 n によらない属性 $E(n)$ が求まった。そこで先の計算をもう少し詳しく調べると

$$p_n = 1 - \frac{1}{1!} + \frac{1}{2!} - \frac{1}{3!} + \frac{1}{4!} - \cdots + (-1)^n \frac{1}{n!}$$

もまた、実際には n によらないということがわかる。

これは次のようにしてわかる。$1-p_n$ は、n 個の要素の少なくとも 1 つが一致するときの確率である。そして単純な計算より

$$1 - p_{13} \simeq 1 - p_{52} = 0.632121\cdots$$

となる。この $1-p_{13}$ と $1-p_{52}$ の 2 つは小数第 6 位まで一致し、よってオリジナルのモンモールの方法を用いようが、オイラーが考え出した方法を用いようが、まったく関係ないことになる。

図 5.1 は n に対する $1-p_n$ のグラフで、すぐに収束する n の連続関数である。この図を簡潔に説明すると、少なくとも 1 組が一致する確率は 63%

完全順列　69

で、実質的には n によらないことになる。この値は想像していたよりも大きい。

最後に、p_n を与える級数をもう少し細かく調べてみよう。

e の出現

次の式は見たことのある形をしている。

$$p_n = 1 - \frac{1}{1!} + \frac{1}{2!} - \frac{1}{3!} + \frac{1}{4!} - \cdots + (-1)^n \frac{1}{n!}$$

次のテーラー展開の最初の n 個の項を調べると、その理由がわかるはずだ。

$$e^x = 1 + \frac{x}{1!} + \frac{x^2}{2!} + \frac{x^3}{3!} + \cdots$$

この展開はすべての x に対して有効で、とくに $x=-1$ に対して有効である。$x=-1$ をこの恒等式に代入すると次のようになる。

$$e^{-1} = 1 - \frac{1}{1!} + \frac{1}{2!} - \frac{1}{3!} + \frac{1}{4!} - \cdots$$

これはもちろん無限級数であるが、p_n は有限個の項をもつ。つまり D_n の式内に e が現れるということを暗示しており、D_n を

$$D_n = \left\lfloor \frac{n!}{e} + m \right\rfloor$$

と表すことができる。よって

$$p_n = \frac{1}{n!} \left\lfloor \frac{n!}{e} + m \right\rfloor$$

となる。ここで m は $\frac{1}{3} \leq m \leq \frac{1}{2}$ を満たす任意の数である（$\lfloor \cdot \rfloor$ は、$\lfloor x \rfloor = x$ 以下の最大の整数として定義された床関数である）。

このことを証明するにあたり

$$\frac{1}{e} = \left(1 - \frac{1}{1!} + \frac{1}{2!} - \frac{1}{3!} + \cdots + (-1)^n \frac{1}{n!}\right)$$
$$+ (-1)^{n+1} \frac{1}{(n+1)!} + (-1)^{n+2} \frac{1}{(n+2)!} + \cdots$$

と書き表す。これより

$$D_n = n!\left(1 - \frac{1}{1!} + \frac{1}{2!} - \frac{1}{3!} + \cdots + (-1)^n \frac{1}{n!}\right)$$
$$= n!\left(\frac{1}{e} - \left\{(-1)^{n+1} \frac{1}{(n+1)!} + (-1)^{n+2} \frac{1}{(n+2)!} + \cdots\right\}\right)$$
$$= \frac{n!}{e} - n!\left\{-(-1)^n \frac{1}{(n+1)!} + (-1)^n \frac{1}{(n+2)!} - \cdots\right\}$$
$$= \frac{n!}{e} + (-1)^n \left(\frac{1}{n+1} - \frac{1}{(n+1)(n+2)} + \cdots\right)$$

となり、最初の D_n と最後の式を組み合わせると

$$\left|D_n - \frac{n!}{e}\right| < \frac{1}{n+1}$$

となる。n が偶数のとき、D_n に対する上の式は $D_n > n!/e$ となる。よって

$$\frac{1}{n+1} \leq m \leq 1$$

ならば

$$D_n = \left\lfloor \frac{n!}{e} + m \right\rfloor$$

であることがわかる。そして今、$n \geq 2$ であるので、$\frac{1}{3} \leq m \leq 1$ となる。

n が奇数のとき、$D_n < n!/e$ となるので、

$$0 \leq m + \frac{1}{n+1} \leq 1$$

ならば

$$D_n = \left\lfloor \frac{n!}{e} + m \right\rfloor$$

となる。そしてこれは $0 \leq m \leq \frac{1}{2}$ となる。

これらの 2 つの結果をまとめると、望んでいた結果が得られる。また、$m=0$ の場合、D_n（n は奇数）は

$$D_n = \left\lfloor \frac{n!}{e} \right\rfloor$$

となり、よって

$$p_n = \frac{1}{n!} \left\lfloor \frac{n!}{e} \right\rfloor$$

となる。このように $m=0$ のときがもっとも素晴らしい式になるといえる。さらに

$$\frac{1}{(1-x)e} = \sum_{n=0}^{\infty} D_n \frac{x^n}{n!} = \sum_{n=0}^{\infty} p_n x^n$$

は、p_n に対する母関数であることを示すことができるが、その話は別の機会に譲る。

一般化

これまで、完全順列は固定点をもたない順列であるということを見てきた。そしてこの完全順列を一般化すれば、固定点をもつ場合の遭遇数の一般形 $D_n(k)$ を求めることができる。ここで $D_n(k)$ とは、ちょうど k 個（$0 \leq k \leq n$）の固定点をもつ n 個の要素が作る順列の数のことである。これを求

めるのは今では簡単なので、すぐに取りかかるとしよう。k個の固定点があるとき、その選び方は$\binom{n}{k}$通りあり、残る$n-k$個から作られる完全順列が存在する。それは

$$\left\lfloor \frac{(n-k)!}{e} \right\rfloor \text{*4}$$

通りあるので

$$D_n(k) = \binom{n}{k} \left\lfloor \frac{(n-k)!}{e} \right\rfloor \text{*5}$$

となる。都合のいいことに、これらは次の三角形の配列で表すことができる。

```
   1
   0    1
   1    0    1
   2    3    0    1
   9    8    6    0    1
  44   45   20   10    0    1
 265  264  135   40   15    0    1
1854 1855  924  315   70   21    0    1
  ⋮    ⋮    ⋮    ⋮    ⋮    ⋮    ⋮    ⋮   ⋱
```

この表では、縦が$n(n=0,1,2,\cdots)$、横が$k(k=0,1,2,\cdots)$を表すので、当然一番左の列は完全順列の数となる。

これは、ある順列にちょうどk個の固定点が存在する確率が

$$p_n(k) = \frac{D_n(k)}{n!} = \frac{1}{n!}\binom{n}{k}\left\lfloor \frac{(n-k)!}{e} \right\rfloor \text{*6}$$

$$= \frac{1}{k!}\frac{1}{(n-k)!}\left\lfloor \frac{(n-k)!}{e} \right\rfloor \xrightarrow[n\to\infty]{} \frac{e^{-1}}{k!} \text{*7}$$

であるという意味である。この最後の式の$k=0$から∞までの和は1とな

完全順列

り、これは確率分布の本質的な値である。これはまたベル数に関連する分布の積率と関係があるが、ここでは言及しない。

Chapter 6 コンウェイのチェッカー盤

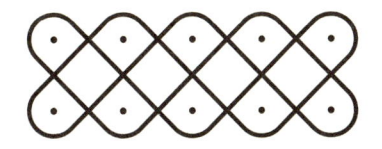

> ゲームは人間の心のもっとも興味深い創造物である。そして、その構造の分析は冒険と驚きに満ちている。
>
> ——J・R・ニューマン

　ジョン・ホートン・コンウェイ氏は、一言では言い表すことのできない人物である。コンウェイ氏は第一級の数学者として世界中にその名を知られているが、それを裏づけるように、現在はプリンストン大学数学教室のジョン・フォン・ノイマン教授職に就いている。彼は圧倒的な才能と並外れた独創性で、群論、結び目理論、数論、符号理論、とりわけゲーム理論に大きく貢献してきた。超現実数の発明者でもあり、これにより数の体系を大きく拡張させることになった。また彼は娯楽数学のなかでもっとも有名なゲームのひとつ、セルオートマトンのライフゲームを生み出した人物でもある。本章ではライフゲームとは別のセルゲームを、わかりやすく深く掘り下げて扱ってゆく。第14章では、分数を用いたコンウェイの不思議なゲームを扱う。

問題

　無限に延びる境界線によって上下半分に分けられた無限に広がるチェッカー盤を想像しよう（図6.1）。境界線の上部には、図で示されているように各行に番号がふられ、境界線の下のマスには駒が置かれている。各駒は、上下左右に隣接した駒を1つ飛び越えて移動し、飛び越えられた駒はその都度取り除かれる。コンウェイのパズルでは、このように単純なルールで駒を移動させてゆくが、その目的は、境界線の下にある1つの駒が、境界線の上部

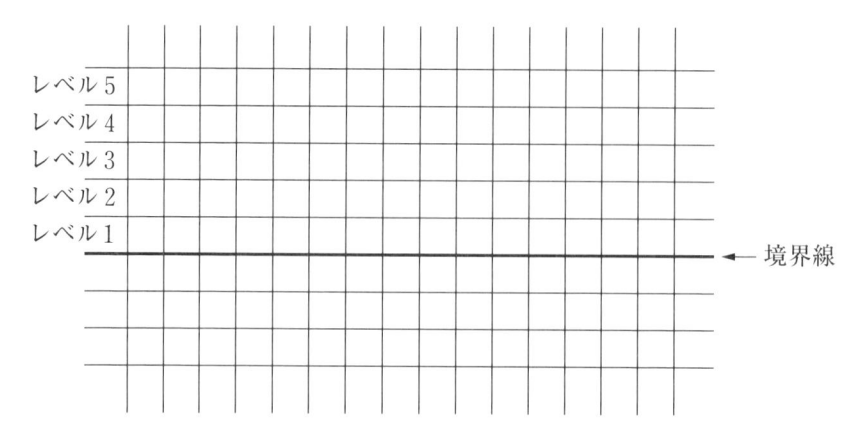

図 6.1　チェッカー盤

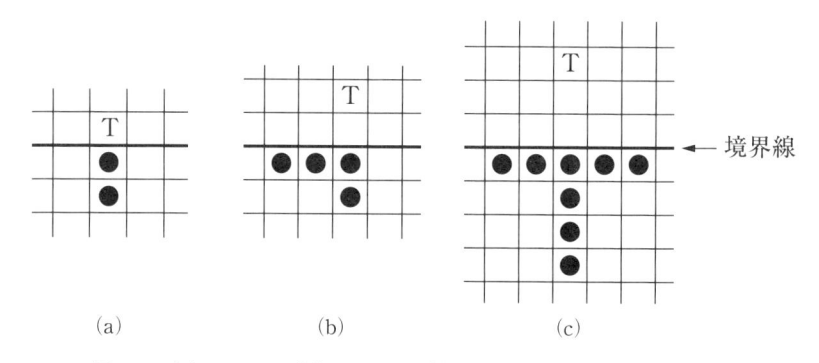

図 6.2　(a) レベル 1、(b) レベル 2、(c) レベル 3 にたどり着く初期配置

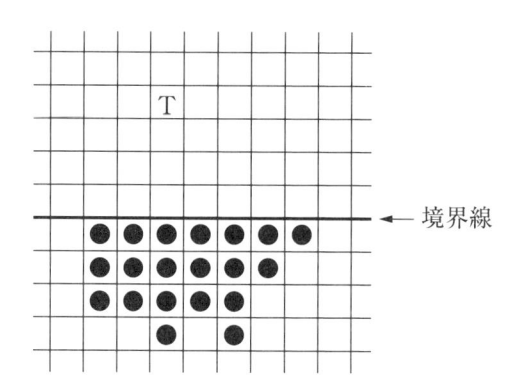

図 6.3　レベル 4 にたどり着く初期配置

レベル	そのレベルに必要な駒の最小数
1	2
2	4
3	8
4	20
5	存在しない

表 6.1 レベルと駒数との比較

にある目的地のマスにたどり着くのに必要な駒の初期配置を見つけ出すことである。もちろんこの初期配置は境界線の下にある。実際に駒を動かしてみるとその構造がよくわかる。図 6.2 には、1 つの駒がレベル 1 からレベル 3 のそれぞれの目的地のマス T にたどり着くのに必要とされる最小数の駒の配置が示されている。

ここには 2 つの意外な事実が隠されている。まずレベル 1、2、3 にたどり着くのに必要な駒の最小の数は、それぞれ 2、4、8 個である。この流れからゆくと、レベル 4 における駒の最小の数は 16 個になりそうなものだが、実際には 20 個となる（図 6.3）。予想外の数が出現したわけだ。

2 つ目の意外性は、レベル 5 にたどり着くのに必要な駒の数の値は存在しないということである。つまり、どんな配置から始めても、駒の数に関係なく、レベル 5 の目的地のマスにはたどり着けないのである。

表 6.1 は、ここまでの流れをまとめたものだ。この結果は実に驚きである。それでは、これから黄金比を用いたコンウェイの巧妙な証明を見てゆき、本章の残りをその解説にあてるとしよう。

解法

まずはじめに、任意の目的地となるマス T をレベル 5 に固定する。そして、すべてのマスに変数 x の負でない整数の累乗を入れる。その累乗は T から各マスまでの「チェッカー盤上の距離」のことで、その距離は T から

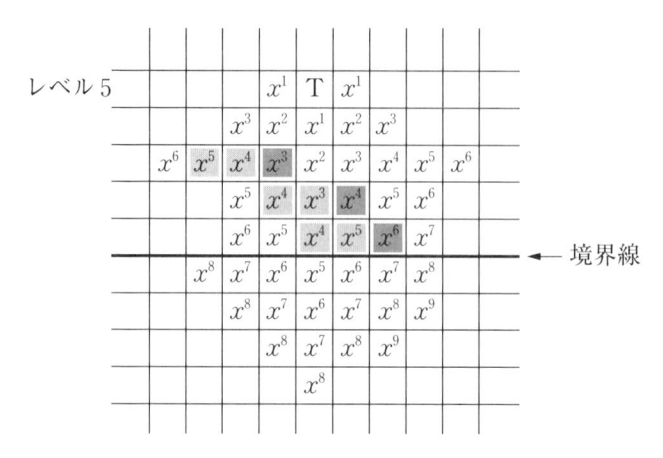

図 6.4 マスを分類する

の水平方向と垂直方向のマスの数で測られる。それを表したものが図 6.4 だ。

　図 6.4 で示されている各 x の累乗の表記法をもとに、初期配置や移動後の駒の配置に対応する x の累乗を合計して、多項式を作ることができる。たとえば、レベル 1 から 4 にたどり着くための初期配置はそれぞれ、x^5+x^6、$x^5+2\,x^6+x^7$、$x^5+3\,x^6+3\,x^7+x^8$、$x^5+3\,x^6+5\,x^7+6\,x^8+4\,x^9+x^{10}$ という多項式で表される。後で考察する駒の配置に対しても同様の表記法を用いる。

　さて、多項式を用いて駒の動きを見てゆこう。まず本質的に駒の移動の選択肢は 3 種類のみである。図 6.4 では、その 3 種類の例がグレーで塗られたマスとして表現されている。2 つの薄いグレーと 1 つの濃いグレーで塗られた 3 つのマスが移動の 1 つの選択肢で、移動によりそれぞれ 2 つの薄いグレーのマスが、濃いグレーのマスへと置き換えられる。この仕組みを多項式で表すと次のようになる。

$$x^{n+2}+x^{n+1} \quad \text{は } x^n \text{ に置き換えられる。}$$
$$x^n+x^{n-1} \quad \text{は } x^n \text{ に置き換えられる。}$$
$$x^n+x^{n+1} \quad \text{は } x^{n+2} \text{ に置き換えられる。}$$

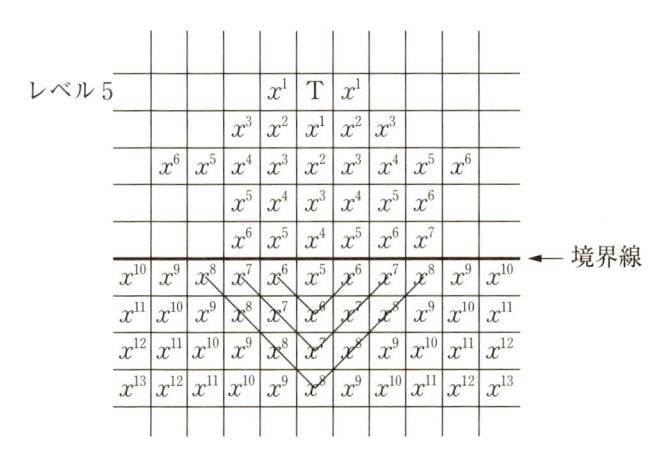

```
            レベル5              x¹  T  x¹
                           x³ x² x¹ x² x³
                       x⁶ x⁵ x⁴ x³ x² x³ x⁴ x⁵ x⁶
                             x⁵ x⁴ x³ x⁴ x⁵ x⁶
                             x⁶ x⁵ x⁴ x⁵ x⁶ x⁷
```

図 6.5　究極の多項式

　任意の初期配置は多項式を用いて定義され、その多項式は、各移動ごとに上で述べた3種類の選択肢に従って変化してゆく。変数 x は任意であり、好きな値に自由に置き換えることができる。そこで、この数値を多項式に代入したとき、先ほどの2番目と3番目の式は減少するように、また最初の式は変化しないように（これは後の代数的便宜のため）、正の数 x を自由に選ぶことができる。実際、$x>0$ より $x^n+x^{n-1}>x^n$ となるのは明らかである。次に $x^n+x^{n+1}>x^{n+2}$ のとき、$1+x>x^2$ となり、これは $0<x<\frac{1}{2}(\sqrt{5}+1)=\varphi$ を意味する。ここで黄金比が出現した。

　1つ目の多項式の値を変化させないためには、$x^{n+1}+x^{n+2}=x^n$ が成り立たなくてはいけない。つまり、$x+x^2=1$ より $x=\frac{1}{2}(\sqrt{5}-1)=\frac{1}{\varphi}$ となる。再び黄金比が現れた。

　$x=\frac{1}{\varphi}(<\varphi)$ とすると、要求されたすべての条件は満たされ、さらに x の値に対し、$x+x^2=1$ を満たすことが保証される。

　境界線の下がどんな形の初期配置であっても、駒で埋まっているマスの数は有限個である。つまり、$x=\frac{1}{\varphi}$ で評価される任意の初期配置は、「無限」多項式の値より小さくなる。この無限多項式は、無限個のマスすべてに駒があるときの式である。そして図6.5で示すように「下向きの矢の部分」にあ

る項を足してゆくことで、無限多項式を求めることができる。
　このようにして項を足し合わせると、次の式ができる。

$$P = x^5 + 3x^6 + 5x^7 + 7x^8 + \cdots$$
$$= x^5(1 + 3x + 5x^2 + 7x^3 + \cdots)$$

　このカッコ内は等差-等比級数と呼ばれているもので、この級数の和は次のようにして求められる。

$$S = 1 + 3x + 5x^2 + 7x^3 + \cdots$$
$$\therefore \quad xS = x + 3x^2 + 5x^3 + 7x^4 + \cdots$$
$$\therefore \quad S - xS = (1-x)S = 1 + 2x + 2x^2 + 2x^3 + \cdots$$
$$= 1 + 2(x + x^2 + x^3 + \cdots)$$
$$= 1 + \frac{2x}{1-x} = \frac{1+x}{1-x}$$
$$\therefore \quad S = \frac{1+x}{(1-x)^2}$$

　この最後の式を P の式のカッコ内に代入すると、次のようになる。

$$P = \frac{x^5(1+x)}{(1-x)^2}$$

　私たちが選んだ x の値は $x + x^2 = x(1+x) = 1$ を満たしているので、$1 + x = 1/x$ となり、また $1 - x = x^2$ となる。これを上の式に代入すると

$$P = \frac{x^5(1/x)}{(x^2)^2} = \frac{x^5}{x^5} = 1$$

となる。これは任意の初期配置の値は必ず 1 より小さくなり、各移動によって配置の値は減少するか、そのまま保たれるかのどちらかなので、どの配置の値も決して 1 にはなり得ないということを述べている。そのためレベル 5 にある目的地には絶対にたどり着くことができないのである。
　より低いレベルの場合、この証明方法は成り立たない。たとえばレベル 4 の場合

$$x^4 S = x^4 \times \frac{1}{x^5} = \frac{1}{x} > 1$$

となる。これは移動によりちょうど1となる配置が存在する可能性があるということである。

Chapter 7 ビュフォンの針

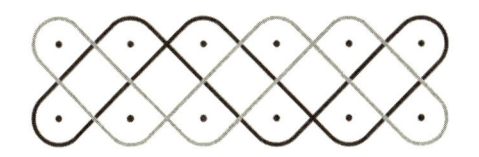

> 哲学は目的を無規則に用いたゲームである。
> 数学は規則を無目的に用いたゲームである。
> ——イアン・エリス

1828年にブルーム卿を中心として設立された「有用知識普及協会」という団体は、正規の授業を受けることができない人や、独学を好む人のために情報を発信することを目的としていた。世に知られたイギリスの数学者でかつ論理学者のオーガスタス・ド・モルガンは、その団体の出版物のひとつ「ペニー百科事典（*The Penny Cyclopaedia*）」に712もの論文を寄稿した才気溢れる教育者であった。その紙上で1838年に発表された「帰納法（*Induction*）」というタイトルの論文の中で、ド・モルガンは数学的帰納法に対する厳密な基本原理を論じている（もしかしたら、彼がそれを論じた初の人物かもしれない）。

この論文に反応して、一般の人よりも、数学の奇人、またはド・モルガンの言葉を用いると「パラドクサー」と呼ばれる人たちが、彼のもとに多く連絡してきたようだ。ド・モルガンは、このパラドクサーという言葉を次のように定義している。

> 数学的方法の登場以来、非常に多くの人がその直接的な結果や、間接的な結果を攻撃してきた。彼らのことをパラドクサー、そしてその方式をパラドックスと呼ぶことにしよう。私はこの言葉を次の本来の意味で使用する。パラドックスとは、主題や方法、結論のいずれかにおける、一般的な考えとは別の何かである。

ド・モルガンは、次のような人々を歓迎していなかった。

　円積問題を信じている人たち、角の三等分が可能と信じている人たち、立方体倍積問題を信じている人たち、永久運動を信じている人たち、万有引力を信じない人たち、地動説を信じない人たち、天地創造を信じている人たち……

　だが、このような人々を目にしたことが、彼の死後に出版された『一山のパラドックス（*A Budget of Paradoxes*）』を生むことになった。この本は、もうひとつの重要な出版物「アテネウム」誌に掲載された書簡を改訂し、増補したものである。
　『一山のパラドックス』は、パラドックスに満ちた書籍に対するコメント、意見、レビュー、さらにド・モルガンが自分の大切な書斎にためこんだ記事など、選りすぐりのものを集めた本である。彼の書斎には本屋で購入したものや、彼のもとに送られてきたレビュー用の本、著者たち自身からの献本などが集められていた。次の文章からわかるように、マージー・ドックボードで働いていたリバプール出身のやり手の商人ジェームス・スミスは、ド・モルガンをもっとも長きにわたって悩ませた原因だったようだ。

　スミス氏は私に長い手紙を書き続けた。そこには私が答えなくてはいけないような内容が、それとなくほのめかされている。31 ページにわたって詳しく書かれた最後のページには……

　スミス氏は $\pi = 3\frac{1}{8}$ であると確信しきっていた（彼はまずこの結果を仮定し、他のすべての可能な値が矛盾するということを示すことで、これを「証明」したようだ）。ウッディ・ダトリーの愉快な本『数学の奇人（*Mathematical Cranks*）』を読めば、このような人々の世界を垣間見ることができるだろう。
　ド・モルガンが、パラドクサーが見つかる豊富な鉱脈として確率という分野を選んだのは不思議なことではない。だが、彼はそれを黄鉄鉱（フールズゴールド）（見かけ倒し）以上のものを含む鉱脈であると認識していた。再度、『一山のパラド

ックス』から以下の文章を紹介しよう。

　いわゆる偶然とか運と呼ばれるものについてのパラドックスは、それ自体はわずかな数しかない。世界中の人々は長期的に観測したときに求められる平均、つまり一般的な平均というものが存在することを理解しているが、大多数の人は、この一般的な平均を計算によって予測できることに驚く。数多くの注目すべき検証例が存在するが、そのひとつは円の求積法に関連するものだ……。このような考察によって、次のような例を導き出す方法が頭に浮かんだ。それはちょっとしたコイン投げによって、円の求積法に対して、パラドクサーたちが到達したものよりも正確な近似を与えるというものである。方法は以下のとおりである。なんの変哲もない板が張られた床を想像する。このとき板と板の間には、細い継ぎ目が見える。ここで、板の幅より短くて細いまっすぐな棒もしくは針金を用意する。運任せに投げると、その棒は継ぎ目にかからないように落ちるか、継ぎ目と交差して落ちるかのいずれかとなる。ビュフォンと、のちにラプラスは、次のことを証明した。長期的にみれば、(継ぎ目と交差した回数)/(全試行回数) という分数は、(棒の長さ)/(板の幅の長さを直径とする円の円周) という分数を2倍したものと同じである。1855年、アバディーンのアンブローズ・スミスは、実際に板の幅の3/5の長さの棒を3,204回投げてみた。すると結果は、1,213回は継ぎ目と交差し、11回は交差しているのか否かの判断が難しかった。この11回を均等に割ると、3,204回のうち $1,218\frac{1}{2}$ 回が継ぎ目と交差したことになる。試行回数を多くすると最終的な平均6/(5パイ)に近づく。これを最終的な結果と見なせば、パイ＝3.1553となる。先ほどの11回分を継ぎ目と交差したと見なして計算すると、パイ＝3.1412となり、実際の値に非常に近くなる。私の弟子が継ぎ目間の幅と同じ長さの棒を600回投げたところ、パイ＝3.137という結果が得られた。この方法は、何度も繰り返されて「疑う余地がなくなった」となるまで、信用されにくい手法であろう。

　それでは、これからこの奇妙な現象を見てゆこう。手始めに、これと関連

するゲームについて述べることにする。

コイン投げのゲーム

　幾何学的確率とは、測定結果を比較することによって決まる確率のことである。これに関するの研究は、1777 年（偉大な数学者ガウスが生まれた年）に、ジョルジュ＝ルイ・ルクレール・ビュフォンが発表した論文「フラン・キャロというゲームについて（*Sur le jeu de franc-carreau*）」の中で初めて登場したようだ。当時、正方形のタイルの上に小さなコインを投げる「エキュ」というポピュラーなゲームがあり、当然このゲームをするのに妥当なプレー料金はいくらかという問題も自然と生まれた。つまり、コインが正方形のタイル内にすっぽりと落ちる確率を求めよという問題である。

　ビュフォンは、コインの中心がタイルより小さな正方形内にあったとき、そのコインは正方形のタイル内にすっぽりと落ちたことになるだろう、と正しく述べている。この小さな正方形の辺の長さは、タイルの辺の長さからコインの直径を引いた値である（図 7.1 を参照）。

　タイルの辺の長さを a とし、コインの直径を d とする（d は $\frac{1}{2}a$ より長くないと仮定する）。このとき、この確率を p とすると

$$p = \frac{(a-d)^2}{a^2} = \left(1 - \frac{d}{a}\right)^2$$

と表される。ここで $d/a \leq 1$ である。

　ゲームを公正にするために、ゲームの期待値を 0 とする。ゲームに勝つ（コインがタイル内に落ちる）と w 単位の金額を獲得し、負ける（タイルから外れる）と 1 単位のプレー料金を支払う。このとき

$$p \times w + (1-p) \times (-1) = 0$$

となり、これは

$$w = \frac{1-p}{p} = \frac{1}{p} - 1 = \frac{1}{(1-d/a)^2} - 1$$

となる。図 7.2 は d/a に対する w のグラフである。

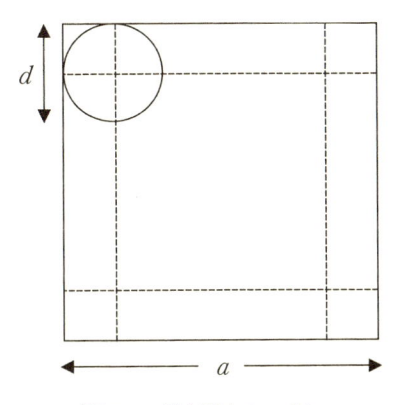

図 7.1 正方形上のコイン

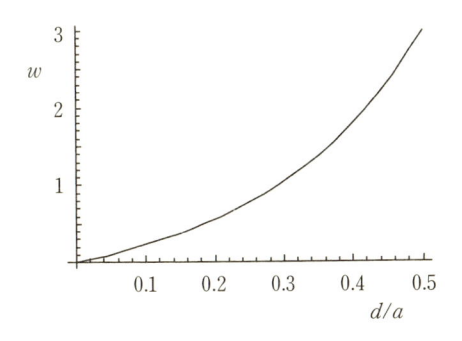

図 7.2 賞金曲線

　所持金を2倍にしてあげようとプレーヤーをそそのかすことにしよう。すると、簡単な計算より $d/a = 1 - 1/\sqrt{2}$ となることがわかる。

　正方形のタイルを平行線に変えると、計算はより簡単になる。平行線の幅を h とし、円の直径を d とする。このとき図7.3で示すように、コインの中心が幅 $h-d$ のベルト上に落ちれば、そのコインは2本の平行線内に落ちたことになる。それが起こりうる確率は

$$p = \frac{h-d}{h} = 1 - \frac{d}{h}$$

ビュフォンの針　　87

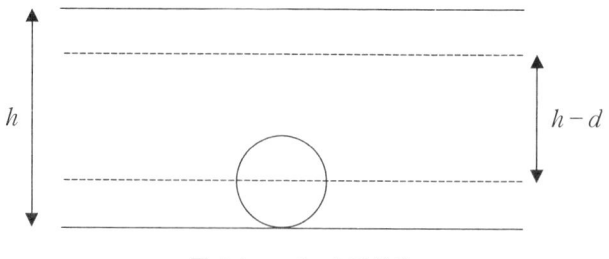

図 7.3 コインと平行線

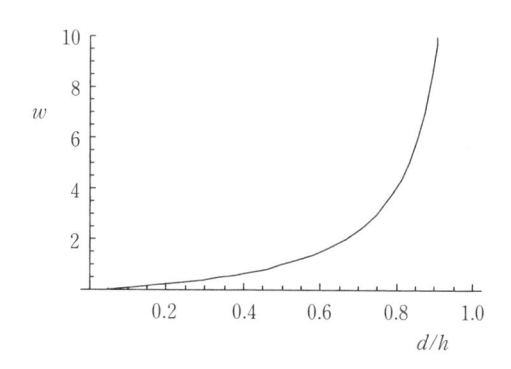

図 7.4 賞金曲線

である。そして私たちが勝つ場合

$$w = \frac{1}{p} - 1 = \frac{1}{(h-d)/h} - 1$$
$$= \frac{h}{h-d} - 1 = \frac{d}{h-d} = \frac{d/h}{1-d/h}$$

となる。ここで $d<h$ である。

図 7.4 は d/h に対する w のグラフである。そして簡単な計算より、所持金を倍にする条件は $d/h=1/2$ となる。

　ここまでの議論では、妥当な解を求めるために、妥当な方法で計算された幾何学的確率を述べてきた。ここからは、より単純に見えるが、実のところ

名　前	西暦	l/d	R	C	$\sim\pi$
ウォルフ	1850	0.8	5000	2532	3.1596
スミス	1855	0.6	3204	1218.5	3.1553
ド・モルガン	1860	1.0	600	382.5	3.137
フォックス	1864	0.75	1030	489	3.1595
ラッザリーニ	1901	0.83	3408	1808	3.1415929
レイナ	1925	0.5419	2520	869	3.1795

表 7.1　試行回数(R)、交差した回数(C)、π の期待値

ずっと不思議な本題へと移ることにしよう。

ビュフォンの短い針

ビュフォンは丸い物体ではなく、違う形のもの、たとえば正方形の物体や、フランスパン（つまり棒または竿状のもの）を投げるという問題を提起した。彼が指摘するように、「このゲームは縫い針やピンを用いてチェッカー盤の上で遊ぶこともできる」のである。彼はこのアイデアを披露するために、実際にフランスパンを肩越しに板張りの床に放り投げたと言われている。それではビュフォンの針として広く知られている現象を見てゆこう。まず1枚の板に幅が $d(\geq l)$ の平行線を引く。そして長さが l の針を1本その板に投げる。このとき、その針が平行線のひとつと交差する確率はどれほどになるか？　18〜19世紀当時、ちょっとした実験科学として考えられていた確率を用いたこのような実験は、よく行われていた。『一山のパラドックス』の中でド・モルガンが解説をしているアンブローズ・スミスの実験結果と、ド・モルガン自身の実験結果が、1960年のN・T・グリッジマンの論文[*1]中の表に収録されている（表7.1）。この表では、針の長さと板の幅の長さの関係 l/d が記されている。

それでは、これらの実験データを用いて数学的に調べてゆこう。

図7.5では、直線のひとつと針が交差しており、その角度は x 軸の正の方向に対して θ である。針の下端から交差する直線までの距離を y とする

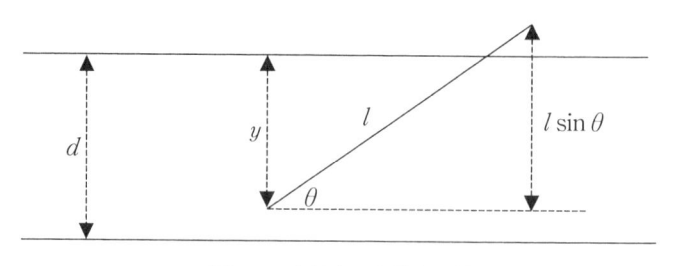

図 7.5 直線上に交差する針

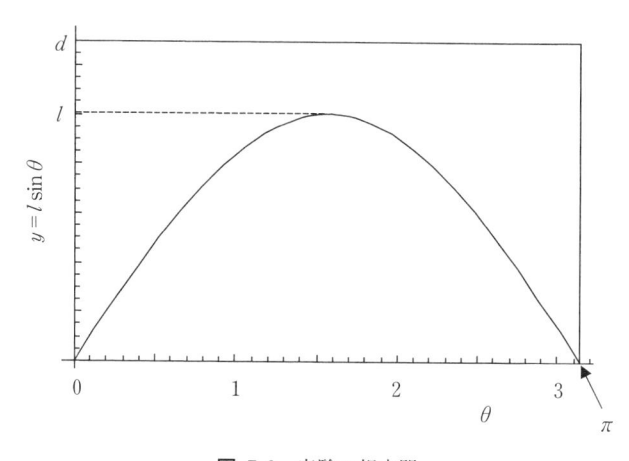

図 7.6 実験の相空間

とき、$0 \leq y \leq d$ となる。また $0 \leq \theta \leq \pi$ でもある。このとき針の下端から上端までの垂直距離は $l \sin \theta$ となり、直線に針が交差するためには $l \sin \theta \geq y$ でなければならない。図 7.6 は、実験に対する長方形の「相空間」と、曲線 $y = l \sin \theta$ を表した図である。曲線から下の部分と曲線上のすべての点は、針が直線と交差する部分である。

この交差する確率を求めるために、次の分数を計算する。

$$\frac{曲線の下の面積}{長方形の面積} = \frac{\int_0^\pi l \sin \theta \, d\theta}{\pi d} = \frac{[-l \cos \theta]_0^\pi}{\pi d} = \frac{2l}{\pi d}$$

すると、次の注目すべき事実

図 7.7　修正された相空間

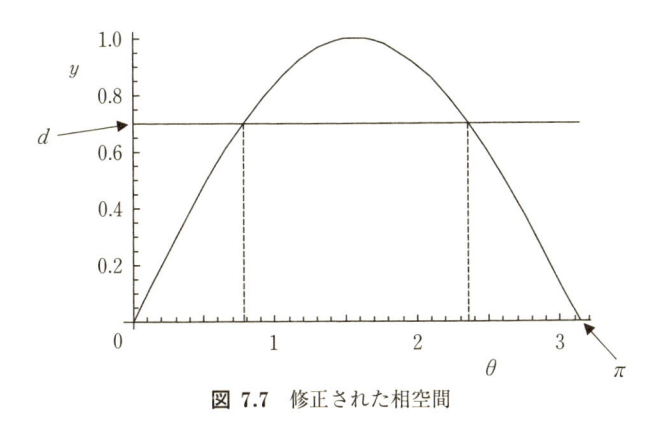

$$\frac{2l}{\pi d} \approx \frac{C}{R}$$

に到達する。よって π を近似する実験方法にたどり着く。

決められた長さの針や、決められた幅の平行線を用いるといった実験重視の話に戻すと、ビクトリア朝時代の人たちの方法で実験を繰り返し行い（または実験をコンピュータで無作為に行い）、C/R の値を求めることができる。

実際 $l=1$、$d=2$ の条件で針を 10,000 回投げたとき、その値は

$$\frac{C}{R} = 0.31815\cdots$$

となった。つまりこれは $\pi \approx 3.14317\cdots$ を意味している。

ビュフォンの長い針

$l \leq d$ という条件より $l\sin\theta \leq d$ となるので、この曲線は確実に図 7.6 の長方形内にある。もし、$l>d$ という条件のもとで実験を行うとすると、$l\sin\theta$ は d よりも大きくなるときもある。そこで、曲線と長方形の重なりを考慮して（図 7.7）、先端部分を切り取った曲線の残りの部分の面積を計算する。

図 7.8

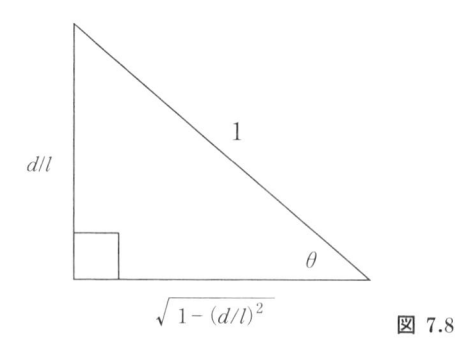

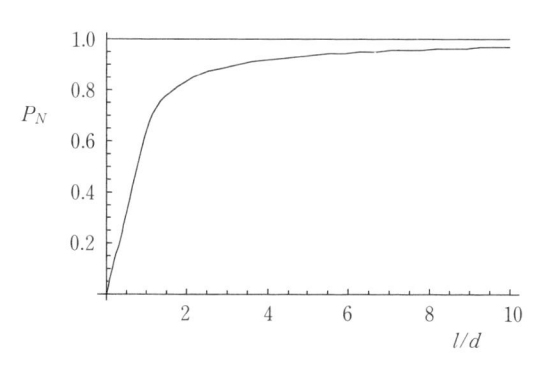

図 7.9　結合させた確率関数

　この交点は $l\sin\theta = d$ すなわち $\theta = \sin^{-1}(d/l)$ と $\theta = \pi - \sin^{-1}(d/l)$ の 2 箇所である。よって求める面積は

$$2\int_0^{\sin^{-1}(d/l)} l\sin\theta\, \mathrm{d}\theta + \left\{\left(\pi - \sin^{-1}\left(\frac{d}{l}\right)\right) - \sin^{-1}\left(\frac{d}{l}\right)\right\}d$$

$$= 2[-l\cos\theta]_0^{\sin^{-1}(d/l)} + \left\{\pi - 2\sin^{-1}\left(\frac{d}{l}\right)\right\}d$$

$$= 2l\left(1 - \cos\left(\sin^{-1}\left(\frac{d}{l}\right)\right)\right) + \left\{\pi - 2\sin^{-1}\left(\frac{d}{l}\right)\right\}d$$

$$= 2l\left(1 - \sqrt{1 - \left(\frac{d}{l}\right)^2}\right) + \left\{\pi - 2\sin^{-1}\left(\frac{d}{l}\right)\right\}d$$

となる。このとき $\cos(\sin^{-1}(d/l))$ は、次の標準的な方法を用いて、より便利な形 $\sqrt{1-(d/l)^2}$ に変形される。標準的な方法とは、$\theta=\sin^{-1}(d/l)$ のとき $\sin\theta=d/l$ となるので、図 7.8 の三角形が作られ、ピタゴラスの定理を用いて 3 番目の辺の長さを求めることができる、というものである。ピタゴラスの定理より $\cos\theta=\sqrt{1-(d/l)^2}$ となる。

よって、少なくとも 1 本の直線と交差する確率は、さらに印象的な式

$$\frac{1}{\pi d}\left\{2\,l\left(1-\sqrt{1-\left(\frac{d}{l}\right)^2}\right)+\left(\pi-2\sin^{-1}\left(\frac{d}{l}\right)\right)d\right\}$$
$$=\frac{1}{\pi}\left\{\frac{2\,l}{d}\left(1-\sqrt{1-\left(\frac{d}{l}\right)^2}\right)+\pi-2\sin^{-1}\left(\frac{d}{l}\right)\right\}$$

となる。針が少なくとも 1 本の直線と交差するときの確率 P_N をまとめると

$$P_N=\begin{cases}\dfrac{2\,l}{\pi d} & (l\leq d)\\[2ex]\dfrac{1}{\pi}\left\{\dfrac{2\,l}{d}\left(1-\sqrt{1-\left(\dfrac{d}{l}\right)^2}\right)+\pi-2\sin^{-1}\left(\dfrac{d}{l}\right)\right\} & (l\geq d)\end{cases}$$

となる。当然のことながら、この 2 つの式は $l=d$ のとき一致する。図 7.9 は l/d に対する 2 つの確率を結合した確率関数のグラフである。

ラッザリーニの数値

表 7.1 では 5 番目の参加者の π の値が際立っている。上記の方法で導き出したこの値は、少数第 6 位まで正確な π の値であり、他の参加者の値と比べても卓越している。これはたんに幸運の結果だったのか？ それともごまかしの結果だったのか？

1901 年、イタリアの数学者マリオ・ラッザリーニは、「ペリオディコ・ディ・マテマーティカ」[*2] というジャーナルに、「π の近似値の実験を伴う研究に対する確率の計算の適用 (*Un applicazione del calcolo della probabilità alla ricerca sperimentale di un valor approssimato di* π)」という非常に長たらしいタイトルの論文を発表した。この有名な論文は 4 ページ足らずのも

試行回数 R	交差した回数 C
100	53
200	107
1000	524
2000	1060
3000	1591
3408	1808
4000	2122

表 7.2　ラッザリーニのデータ

のであるが、疑念とあからさまな反論が巻き起こり、それ以上のページが費やされることになった。まずグリッジマンの論文が、ラッザリーニの結果を疑うのに足る説得力のある理由を与え、1965年にティム・オバーンが出版した素晴らしい本『パズルとパラドックス（$Puzzles\ and\ Paradoxes$）』でその疑惑が増幅され、「ラッザリーニの幸運な π の近似」[*3] を発表したリー・バジャーの分析によって、ほぼその疑惑が立証された。

　ここではその詳細を議論するつもりはないが、これらの研究をまったく無視するわけにはいかない。ラッザリーニはこのような実験を数多く行い、そのうちのひとつの結果として、この値を報告している（表7.2）。彼は非常に忍耐強い人物だったのだろう。

　当然ながら、表の下から2番目のデータが目につく。その第一の理由は、どういうわけか反復回数が3,408回であるという点である（この実験では、幅が $d=3\,\mathrm{cm}$ の平行線の上に $l=2.5\,\mathrm{cm}$ の針を投げている）。他に目立つことといえば、この π の値 3.1415929 は、π の有理近似として2番目によく知られる 355/113（5世紀に祖沖之が発見）の小数第7位までの近似であるということだ。

　恐らく、その結果はごまかしだったのだろう。バジャーとオバーンの逆行分析に従うと、$2l/(\pi d) \approx R/C$ より $2Cl/(dR) \approx \pi$ となる。そして、π に対する分数による近似を使うと、次の結果が得られる。

試行回数 R	交差した回数 C	予想される交差数 C
100	53	53.05
200	107	106.10
1000	524	530.52
2000	1060	1061.03
3000	1591	1591.55
3408	1808	1808
4000	2122	2122.07

表 7.3 実験データと理論的データの比較

$$\frac{2Cl}{dR} \approx \frac{355}{113} = \frac{5\times71}{113} = \frac{5\times71\times k}{113\times k} \quad (\text{任意の } k \text{ に対して})$$

この妥当な選択は $2l=5$ で、$l=\frac{5}{2}$ である。そして $d>l$ より、これに対する妥当な選択は $d=3$ で、これより $C/R = 213k/(113k)$ となる。比が $\frac{213}{113}$ となるように C と R を選ぶと、求める結果が得られる。実際 $k=16$ のとき、ラッザリーニの数字が求まる。

とはいえ、ラッザリーニの結果は幸運のおかげだったのかもしれない。$2l/(\pi d) \approx R/C$ と $l/d=\frac{5}{6}$ のとき、$5/(3\pi) \approx R/C$ となり、よって $\pi \approx 5C/(3R)$ となる。オバーンは次のように指摘している。$R=3408$ における反復の最後からひとつ前の試行は、$R=3407$、$C=1807$ または $C=1808$ となる。これは、それぞれ $\pi \approx 3.142\cdots$ と $\pi \approx 3.140\cdots$ となり、小数第3位で値が異なる。同様にバジャーは、3408回の反復のうち交差した回数を $C=1807$ または $C=1809$ とすると、それぞれの評価は $\pi \approx 3.143\cdots$ と $\pi \approx 3.139\cdots$ となることを指摘した。実験は幸運の頂点で止まったように見える。

ここで、残りのデータを考えてみよう。再度、$l/d=\frac{5}{6}$ であるとき、交差する確率は $2l/(\pi d)=5/(3\pi)$ となり、交差する期待値は $5/(3\pi)\times R$ となる。この期待値を表7.2に追加したものが表7.3である。

すべての期待値はあまりにも誤差がないように見えるが、簡単な統計テストによって、この疑惑を数量化することができる。すなわち、このようなこ

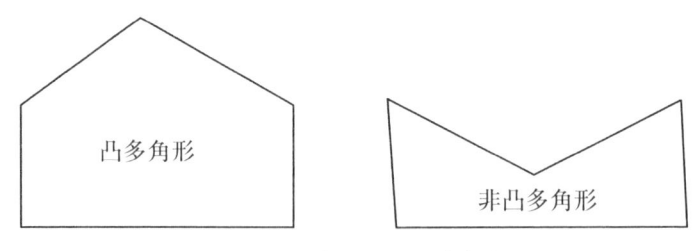

図 7.10 凸多角形と非凸多角形

とが起こりうる確率は 3×10^{-5} より小さいというわけだ。これはバジャーの言葉ではなく、この話題について私たちが述べる最後の言葉である。

一般化

ビュフォンは正方形の物体を投げることに言及しているが、私たちは実際に、あらゆる凸多角形の薄板が引き起こす驚くべき結果について説明することができる。まずはじめに、多角形上の点と点をつないでできる線分すべてが多角形内に含まれる場合、その多角形を凸と呼ぶ。図 7.10 では、凸の 5 角形と非凸の 5 角形が描かれている。

凸性から直接導かれる結果より、任意の直線は薄板の 2 つの辺と交差するか、またはまったく交差しないかのいずれかであることに注意する。

さて、幅が d の平行な直線上に薄板を投げるとしよう。その薄板は、長さが $l_i (i=1, 2, \cdots, n)$ である n 本の辺をもっており、各辺の長さは d より短いとする。辺を数える順番は重要ではないので、薄板の辺と直線の交差は、i と j の組に対する 2 本の辺の組 $(l_i l_j)$ で起こる。このとき、$i<j$ であると仮定し、交差が確率 $P(l_i l_j)$ で起こるとする。すると直線と薄板が交差する確率は、$P=\sum_{i<j}P(l_i l_j)$ である。

辺 l_i が確率 $P(l_i)$ で交差するとき、この薄板は凸多角形なので、残った辺のひとつだけが薄板と交差することになる。よって $P(l_i)=\sum_{j\neq i}P(l_i l_j)$ となる。そしてこれは

$$\sum_{i=1}^{n} P(l_i) = \sum_{i,j;i \neq j} P(l_i l_j) = 2 \sum_{i,j;i<j} P(l_i l_j) = 2\,P$$

と表される。

ここで、前述のビュフォンの針の結果を用いれば、$P(l_i) = 2\,l_i/\pi d$ となる。これより $2\,P = \sum_{i=1}^{n} 2\,l_i/\pi d$ となり、さらに計算すると

$$P = \frac{1}{\pi d} \sum_{i=1}^{n} l_i = \frac{1}{\pi d} \times (薄板の周囲の長さ)$$

となる。薄板が直線と交差する確率は、その形によらず、その周囲の長さにだけ依存する。

18世紀の博物学者ジョルジュ＝ルイ・ルクレール・ビュフォンのこの奇抜なアイデアを一般化したものや変形したものは、まだ数多く存在する。たとえば、平行線の代わりに長方形の格子や、放射状の線を用いたり、または空間内の不ぞろいの直線の中に、好き勝手な方向を向く針を放り込むというものがある（これは、空中物理探査における位置決定の異常に対する飛行経路の空間を測定するのに役立つようだ）。このビュフォンのアイデアは、曲線の長さと領域の面積を評価するのに一般に使われるモンテカルロ法の最初の例である。またアリの巣選びに関する最近の研究によると、巣の場所を選ぶアリの偵察隊の重要な仕事は、ビュフォンの原理の変形に基づく場所の推定に影響を受けると言われている。ここでニュートンの言葉が共鳴する。

まことに自然は単純であり、事物の過剰な原因によって華麗に装われてはいないからである[*4]。

しかし、何度も何度も針を投げたビュフォンはこう述べている。

神の遅延は神の拒絶とは決して考えるな。待つんだ。しがみつけ。辛抱するんだ。忍耐は才能なのである！

Chapter 8 トリチェリのトランペット

> 無限の概念は私たちの最も親しき友であるが、同時に、心の平和の最も手ごわい敵でもある。
>
> ——ジェームズ・ピアポント

円積問題をめぐる論争

　17世紀中頃、トマス・ホッブズとジョン・ウォリスの間で、史上もっとも長く、もっとも辛らつな知的論争が起こった。哲学者のホッブズは「円積問題」の解を見つけたと発表し、数学者のウォリスは公然と激しくその主張に反論したのである。

　古代ギリシャ人たちによって伝えられたこの円積問題とは、まっすぐな定規とコンパスを用いて、与えられた円と同じ面積の正方形を作ることが可能かどうかという問題である。この問題は、1882年にフェルディナント・フォン・リンデマンが、πは超越数であると証明したことで解決された。つまり正方形を作ることは不可能であり、ウォリスが正しかったことになる。

　「円積問題」は紛争を引き起こしたものの、戦線はその領域をはるかに越え、無限という概念にまで広がっていった。当時、無限の概念は理解しがたく、あらゆる種類の技術的な、そして哲学的な問題を抱えていた。無限のつかみどころのない性質を示すひとつの例に、トリチェリのトランペット（もしくは大天使ガブリエルのトランペット、またはホーン）と呼ばれるものがある。このトランペットの登場によって、無限の概念に反対する人たちの意見は、いよいよ確固たるものになった。

奇妙なトランペット

　ボナヴェントゥーラ・カヴァリエリは、ガリレオが称賛するほどの素晴らしい数学者であった。ガリレオは彼について次のように述べている。「これほど深く十分に幾何学を研究した者は、アルキメデス以降、たとえいたとしても、ごくわずかでしかなかった。」ここでいう幾何学の研究とは、アルキメデスの「取り尽くし法」のことで、後にカヴァリエリはこれを発展させ、「不可分法」の理論を作りあげた。取り尽くし法とは、問題となる物体を非常に小さい断片に細かく切り分けることによって、長さや面積、体積を求める方法である。カヴァリエリは、この取り尽くし法に「カヴァリエリの原理」を付け加えた。1629 年の出来事である。ニュートンやライプニッツは生まれておらず、積分学はまだ築かれていなかった。このカヴァリエリのアイデアが、その後の積分学の発展に大きく貢献したのである。

　ガリレオの助手で、しばしばカヴァリエリと手紙のやりとりをした（気圧計の発明者として知られている）エヴァンジェリスタ・トリチェリもまた、熟達した数学者であった。1645 年に「不可分法」を用いて、彼が対数螺旋の長さを求めたことは大変有名である（第 10 章でこの結果を使う）。

　ここでは 1643 年に発表された彼の初期の研究、「鋭角双曲体」の不思議な性質を詳しく見てゆく。この鋭角双曲体は、現在では直角双曲面と呼ばれているもので、x 軸を中心に直角双曲線 $y = 1/x$ を 360 度回転させて作る（図 8.1）。

　トリチェリはこの研究で、無限の立体の体積が有限であることを示した。今日の微積分学から見れば、この事実はたいして驚くものではない。しかし、その長さが無限であるということと、その曲面の面積も無限であるという点を考えると、それはやはり驚くべき結果である。そこで微積分学と現代の表記法を用いて、体積が有限であることと、曲面積が無限であることを証明してゆく。まずはじめに、体積が有限であることを示すトリチェリの方法を説明する。

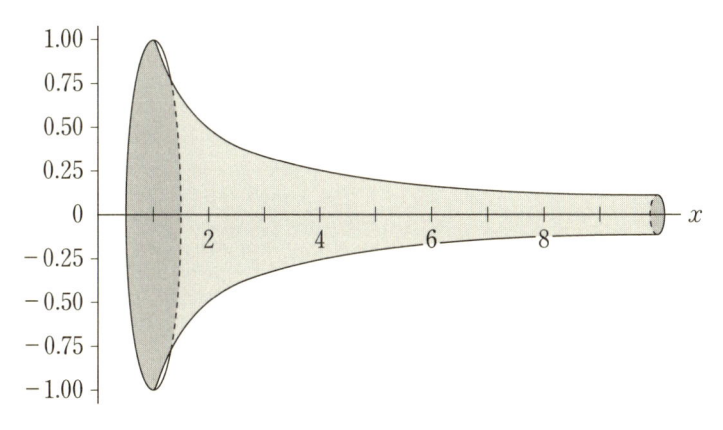

図 8.1　トリチェリのトランペット

トリチェリの証明

「カヴァリエリの原理」という呼び名は、先ほど述べた。アルキメデスは、球の体積を求めるのに同様のアイデアを用いたが、それは次のようなものである。

平行な平面の間にある2つの立体図形を、その平面に平行な平面で切ったとき、切り口の図形の面積が常に同じ比をもつなら、2つの立体の体積比はその比の値となる。

とくに切り口の面積が常に等しいならば、体積も等しくなる。

この原理は私たちを当惑させるほどパワフルである。まずトリチェリのトランペットについて議論する前に、この原理を使って球の体積を求めてみよう（円錐の体積は既知とする）。

図8.2の左の図では、半径 r の半球が、底面から高さ h のところで水平に切断されている。右の図では、半径と高さが r の円柱が、高さ h のところで水平に切断されている。この円柱には、円柱の上面を底面とし、円柱の底面の中心を頂点とする逆さまの円錐が内接している。半球の丸い切断面の

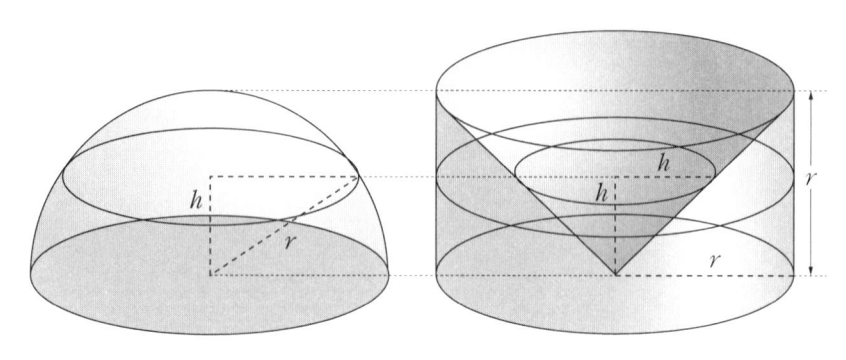

図 8.2 カヴァリエリの原理

面積は $\pi(r^2-h^2)$ である。切り口を底面とすると円錐の高さは h なので、円錐の切断面の半径も h となる。よって円柱内にあるドーナツ状の領域の面積は $\pi r^2-\pi h^2=\pi(r^2-h^2)$ となる。ここでカヴァリエリの原理を用いると、半球の体積は、円柱の体積から円錐の体積を引いたものと等しくなるはずである。これより半球の体積は

$$\pi r^2 \times r - \frac{1}{3}\pi r^2 \times r = \frac{2}{3}\pi r^3$$

となり、球の体積は

$$\frac{4}{3}\pi r^3$$

となる。

　トリチェリはこの原理を拡張させて、無限に延びるトランペットの体積が有限であることを示した。彼の証明を正しく理解するために、まず大きく開いた部分に「縁」をもつトランペットをイメージし、それが同じ中心線をもつ無限個の水平方向の円柱から構成されていると考える（図 8.3）。縁は点 $(1,1)$ から始まるとする。

　円柱の右端が x-y 平面上の点 (x_0, y_0) で双曲線に交わっているとすると、$y_0=1/x_0$ より、円柱の側面積は $(2\pi y_0)x_0=2\pi x_0 y_0=2\pi$ となる。つまり

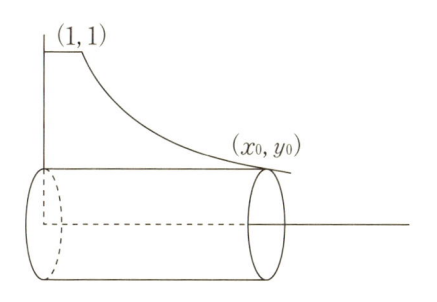

図 8.3 トリチェリによるカヴァリエリの原理

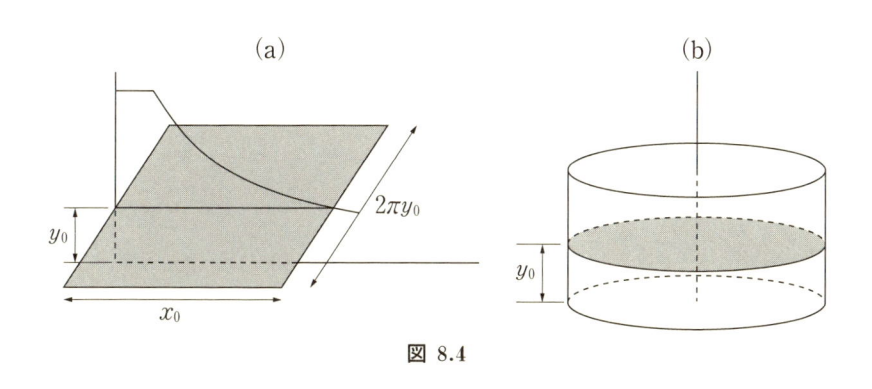

図 8.4

交点が変化しても、円柱の側面積の値は一定となる。図 8.4(a) で示したとおり、高さ y_0 の位置に水平の長方形がくるように、この円柱を展開する。そして図 8.4(b) で示すように、底面からの高さ y_0 における水平面の面積が 2π となる円柱を作る。この円柱の高さを 1 とする。カヴァリエリの原理は極限の議論であり、$x_0 \to \infty$ として、この円柱の底面に限りなく近づけてゆくと、トランペットの体積と円柱の体積（2π）は等しくなる。

当然、この議論は特別なケースである。$xy=1$ なのでこのような結果が出たが、その他の場合に安直に拡張することはできない。それにしてもこの結果は衝撃的であり、トリチェリ自身、次のようなコメントを残している。

この立体は無限の長さをもつにもかかわらず、ここで考えた円柱の表面積はどれも無限ではなく、すべて有限である、ということは信じがたいことである。

　現代の視点でこの問題を解いてみると、どうなるだろう。$x=1$ から $x=N$ までの有限のトランペットを考える（縁の部分は考えない）。N はいくら大きくてもよい。このとき、次の計算よりトランペットの体積が求まる。

$$\pi \int_1^N \left(\frac{1}{x}\right)^2 dx = \pi \int_1^N \frac{1}{x^2} dx = \pi \left[-\frac{1}{x}\right]_1^N = \pi \left(1 - \frac{1}{N}\right)$$

そして $N \to \infty$ のとき、体積は π に近づく。
次の単純な計算

$$\int_1^N \frac{1}{x} dx = [\ln x]_1^N = \ln N \to \infty \quad (N \to \infty \text{ のとき})$$

は、断面積は無限であるが、体積は有限である立体が存在することを表している。
　さて次に、体積が有限である立体の表面積を求め、その表面積が無限であることを証明する。この証明は今までに比べ少し難しくなるが、順を追って見てゆこう。

トランペットの表面積

　次のような回転体の表面積の一般公式を用いる（付録 C を参照）。

$$\text{表面積} = 2\pi \int_1^N y \sqrt{1 + \left(\frac{dy}{dx}\right)^2} dx$$

$y = 1/x$ より

$$\frac{dy}{dx} = -\frac{1}{x^2}$$

となり、この式は次のようになる。

$$\text{表面積} = 2\pi \int_1^N \frac{1}{x} \sqrt{1 + \frac{1}{x^4}} \, dx$$

これは

$$\int_1^N \frac{1}{x} \sqrt{1 + \frac{1}{x^4}} \, dx > \int_1^N \frac{1}{x} \, dx$$

より、発散することは明らかであるが、ここでは積分

$$\int_1^N \frac{1}{x} \sqrt{1 + \frac{1}{x^4}} \, dx = \int_1^N \frac{\sqrt{x^4 + 1}}{x^3} \, dx$$

に対する正確な式を見つけ、それが発散することを調べてゆこう。部分積分と置換積分を使って2段階に分けて計算を行う。まず部分積分を用いると、次のように計算できる。

$$\begin{aligned}
\int \frac{\sqrt{x^4+1}}{x^3} \, dx &= \int x^{-3} \sqrt{x^4+1} \, dx \\
&= \frac{x^{-2}}{-2} \sqrt{x^4+1} - \int \frac{x^{-2}}{-2} \times \frac{1}{2} \times \frac{4x^3}{\sqrt{x^4+1}} \, dx \\
&= -\frac{1}{2x^2} \sqrt{x^4+1} + \int \frac{x}{\sqrt{x^4+1}} \, dx
\end{aligned}$$

次に、このなかで残った積分を考える。置換 $u = x^2$ を用いると、$du/dx = 2x$ となり

$$\begin{aligned}
\int \frac{x}{\sqrt{x^4+1}} dx &= \frac{1}{2} \int \frac{1}{\sqrt{u^2+1}} \, du \\
&= \frac{1}{2} \ln(u + \sqrt{u^2+1}) + c \\
&= \frac{1}{2} \ln(x^2 + \sqrt{x^4+1}) + c
\end{aligned}$$

となる。これらをひとつにまとめると、トランペットの表面積の値は次のようになる。

$$\left[-\frac{1}{2x^2}\sqrt{x^4+1}+\frac{1}{2}\ln(x^2+\sqrt{x^4+1})\right]_1^N$$
$$=-\frac{1}{2N^2}\sqrt{N^4+1}+\frac{1}{2}\ln(N^2+\sqrt{N^4+1})+\frac{\sqrt{2}}{2}-\frac{1}{2}\ln(1+\sqrt{2})$$

$N \to \infty$ とすると、最初の項は明らかに $-\frac{1}{2}$ に近づくが、その次の対数関数は限りなく増加する。つまり、表面積も限りなく増加することになる。

エヴァンジェリスタ・トリチェリ（Evangelista Torricelli）のアナグラムが「ほら！ 賢い積分だ（Lo! It is a clever integral）」となるのは非常に興味深い。

トランペットの重心

次のウォリスのコメントを考えると、混乱は頂点に達する。

無限に長いが有限の大きさをもち（長さが増加するよりも早く、幅が連続的に減少する）、さらに重心をもたないように構成される面や立体がある。そのようなものにはトリチェリの鋭角双曲体がある。

x 軸を軸とする回転体の重心 $\bar{x}$ の標準的な微積分法の定義を用いると、次のようになる。

$$\left(\pi\int_1^N y^2 dx\right)\bar{x} = \pi\int_1^N xy^2 dx$$

そして、私たちのケースでは

$$\pi\left(1-\frac{1}{N}\right)\bar{x} = \pi\int_1^N x\left(\frac{1}{x}\right)^2 dx = \pi\int_1^N \frac{1}{x}dx$$

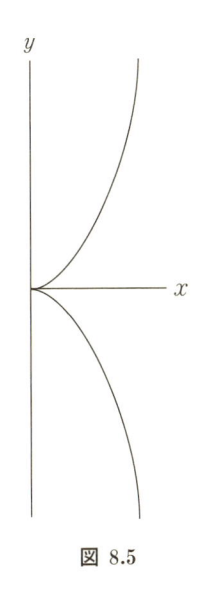

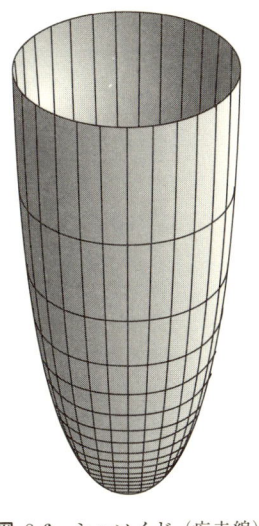

図 8.5　　　　図 8.6　シッソイド（疾走線）

$$= \pi [\ln x]_1^N = \pi \ln N$$
$$\bar{x} = \frac{\ln N}{1 - 1/N} \to \infty \qquad (N \to \infty \text{ のとき})$$

となり、重心をもたないことが証明された。

無限にお酒が注げるグラス

さて、1643年にトリチェリが「表面積は無限だが体積は有限である立体」を数学の世界に持ち込んだことは先で述べた。さらに1658年、クリスティアーン・ホイヘンスとルネ・フランソワ・ド・スリューズの2人が、条件を逆にした「表面積は有限だが体積は無限である立体」を発表したことで、当時の数学界の困惑が増すことになった。

ここでは彼らの議論や、その現代版の考えについて言及して、それを立証することはしないが、その立体はシッソイド（「ツタの形」が原義）から作られるものである。標準曲線は $y^2 = x^3/(1-x)$ の式で表され（図8.5）、

トリチェリのトランペット　107

$x=1$ で垂直の漸近線をもつ。シッソイドは立方体倍積問題（紀元前180年頃、ディオクレスが幾何学的方法を用いて立方体を2倍にしようとした）に関連するものだと言われており、取り尽くし法が展開されているアルキメデス著作集の『球と円柱について』に対するエウトキオスの解説の中で触れられている。立体は、シッソイドの上半分を y 軸を中心に回転させたもので、図8.6で示すような持ち手のないグラスの形をしている。

ド・スリューズは、ホイヘンスへの手紙の中で、この立体をジョークを用いて次のように説明している。

そのグラスの重量は小さいが、大酒飲みでも飲みつくせない。
levi opera deducitur mensure vasculi, pondere non magni, quod interim helluo nullus ebibat.

一方、トリチェリのトランペットは、適量のお酒を飲む人たちにはよいが、その表面をすべて酒で濡らすことはできない。明らかに、トランペットはいくつかの重要な点で非現実的なものであるが、そのイメージには説得力がある。では、どこにパラドックスが存在するというのか？　これまでと同様に、現実の世界に存在しないものをもち込もうとしたときに混乱が起こり、そのたびに私たちの感覚が自らを騙しているのである。つまり、無限に長いものは現実の世界には存在せず（もし存在するならば、ユークリッドの平行線の公理より矛盾が生じる）、無限に細長いワイングラスも存在しないのである。

ガリレオ自身の見解はこれに次のように賛同している。

私たちの有限の考え方、つまり有限で限界のあるものがもつ性質を、無限のものにあてはめて、無限について議論しようとするときにのみ、無限のパラドックスは生じる。

この章の最後の言葉はホッブズに任せることにしよう。有限の体積をもつ無限の立体が存在するという主張について、彼はこのような意見を述べたのである。

感覚的にこれを理解するためには、その人が幾何学者、または論理学者である必要はない。ただ気を狂わせればよいだけである。

Chapter 9 非推移的な結果

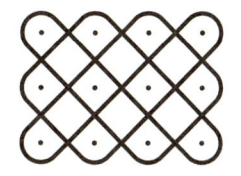

画面の映りをよくするためにテレビを叩いたり、細動する心臓が正常な状態に戻るように電気ショックを与えたり、こんなふうに驚きも推移的なものであってほしい。

——シェイマス・ヒーニー

「推移的」とは何か？

　形容詞の「推移的」は、辞書で次のように定義される。「関係が1つ目と2つ目の要素の間で成り立ち、さらにその関係が2つ目と3つ目の要素の間でも成り立つとき、その関係は1つ目と3つ目の要素の間にも成り立つという特性をもつ関係であること。またはそれに関すること。」
　対象物のすべての組の間にあるすべての有意な関係が推移的である、と想像するのは簡単である。たとえば「〜より古い」、「〜より大きい」がそうだ。とはいえ、推移的ではない例を作り出すのに深刻に考える必要はない。「〜の息子」、「〜と垂直の」などがそうである。この章では、一見したところ推移的であるが実際にはそうである必要はない、そのような関係を主に扱う。たとえば「〜よりよい (better than〜)」というのがそのひとつである。
　例をひとつ挙げると、A氏はB氏よりもテニスが上手で、B氏はC氏よりもテニスが上手であるとき、A氏はC氏よりもテニスが上手であることは明らかである。この場合、「〜より上手である (better than〜)」は明らかに推移的である。
　要素の組の関係を矢印「→」で表し、これらの要素をA、B、Cとするとき、図9.1が成り立っていればそれは推移的である。

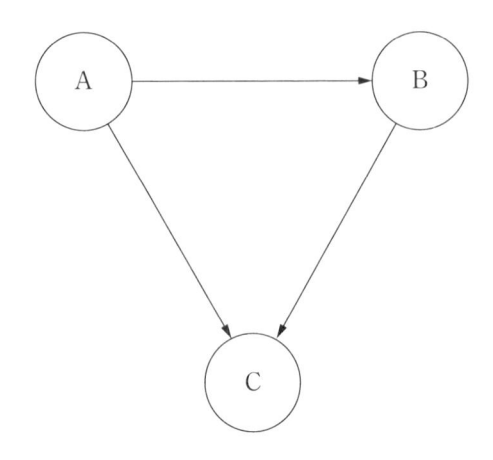

図 9.1　推移的関係

　先に述べた「〜の息子」や「〜と垂直の」という2つの非推移的関係では、図はどうしても完全にはならない（図9.2）。つまりAとCは、AとB、そしてBとCの関係をまったく共有していない。
　図9.3のような図が成立しているとき、話はより複雑になる。矢印の先が互いの後部を指し、全体的に見て奇妙な関係になっている。どうすれば、AがBよりもよく、BがCよりもよく、CがAよりもよいということが実際に起こりうるのだろうか？
　そのような関係は存在するのか？　答えはもちろん「イエス」である。子供時代からの馴染みの遊び、「じゃんけん」がその例である。2人のプレーヤーがそれぞれ手をうしろにもってゆき、3つ数えたら同時に3つの形のうちひとつの形の手を前に出す。2本の指の形がVのときは「ハサミ」、手を広げたものは「紙」、げんこつの形は「石」を表す。そして次のルールで勝者が決まる。ハサミは紙を切り、紙は石を包み、石はハサミを壊す。この3つの各ケースでは、「〜よりよい」という関係が適切な定義となる。この場合「もっともよい」という選択肢はなく、ハサミをA、石をB、紙をCと表すとき、矢印は明らかに互いの後部を指す。
　それでは、もう少しひねくれた例題を扱ってゆこう。各ケースにおいて、「〜よりよい」を「〜より勝つ可能性がある」という具体的な解釈にする。

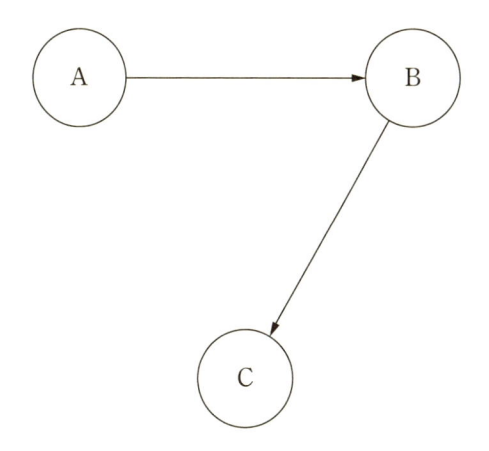

図 9.2　推移性が定義されない場合

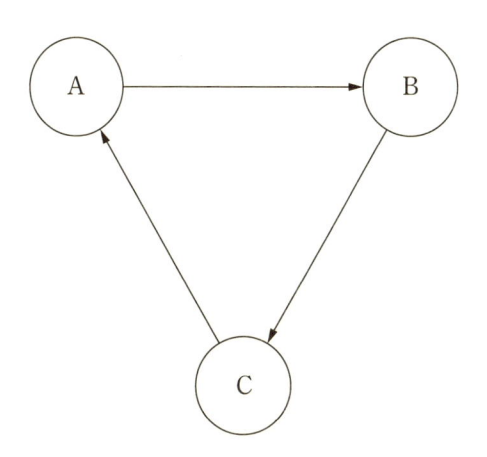

図 9.3　推移性が混乱している場合

非推移的な結果

洛書の魔方陣

　4200 年の歴史をもつ洛書の魔方陣（図 9.4）は、これから示す 1 つ目の例の基盤となる。おそらく帝禹の時代の数学者たちは、このデザインに隠された性質をまったく知らなかったことだろう。この魔方陣は 1 から 9 までの各整数が 9 個のマスに配置された 3×3 の正方形であるが、「魔」という言葉は、縦・横・斜めのいずれの列においても、3 つの数を合計すると 15 となる事実に起因している。

　さてここで、3 種の横列をそれぞれ取り出し、そこにある 3 つの数字を 2 回ずつ用いて 6 面に振り分けた 3 つのサイコロを用意する（図 9.5）。

　これらのサイコロを使って、確率に関する単純な対戦ゲームをしよう。まず相手がサイコロを 1 つ選び、次に私たちもサイコロを 1 つ選ぶ。双方がそれぞれのサイコロを 100 回ふり、数字が大きかった回数の多い方が勝ちとする。表 9.1 は、各サイコロの目の可能な組み合わせをそれぞれ表したものである。矢印の方向は A→B→C→A となり、それぞれ確率は $\frac{20}{36} = \frac{5}{9}$ となる。これは図 9.3 のモデルと同じ状況である。つまり対戦相手が最初にサイコロを選ぶと、私たちは必ず有利な立場をとれるというわけだ。

　数の選択肢は 1 つだけではない。玩具の収集家でコンサルタントでもあるティム・ローワット氏は、3 つで一組の非推移的なサイコロを考案した。これは 6 よりも大きな数字がどの面にも存在しないサイコロである（図 9.6）。ここでは再度 A→B→C→A となり、各場合における勝つ確率は、それぞれ $\frac{25}{36}$、$\frac{21}{36}$、$\frac{21}{36}$ となる。

　さらに複雑にするために、このゲームのルールを次のように変更する。各プレーヤーが 1 つのサイコロを選び、それを 2 回ふって出た目の合計が大きい方を勝者とすることにしよう。表 9.2 は、各サイコロの 3 つの可能な合計値と、それぞれの場合の頻度を表したものである。

　前回のように計算すると、矢印は先ほどとは反対の方向を向き（表 9.3）、A→C→B→A となる。確率はそれぞれ $\frac{765}{1296}$、$\frac{765}{1296}$、$\frac{671}{1296}$ となる。

図 9.4 洛書の魔方陣

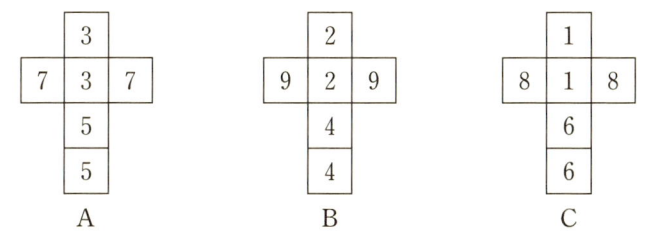

図 9.5 洛書のサイコロの展開図

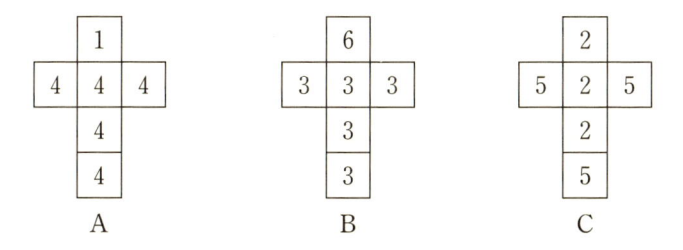

図 9.6 ローワットのサイコロの展開図

非推移的な結果

	A					
B	3	3	5	5	7	7
2	A	A	A	A	A	A
2	A	A	A	A	A	A
4	B	B	A	A	A	A
4	B	B	A	A	A	A
9	B	B	B	B	B	B
9	B	B	B	B	B	B

	B					
C	2	2	4	4	9	9
1	B	B	B	B	B	B
1	B	B	B	B	B	B
6	C	C	C	C	B	B
6	C	C	C	C	B	B
8	C	C	C	C	B	B
8	C	C	C	C	B	B

	C					
A	1	1	6	6	8	8
3	A	A	C	C	C	C
3	A	A	C	C	C	C
5	A	A	C	C	C	C
5	A	A	C	C	C	C
7	A	A	A	A	C	C
7	A	A	A	A	C	C

表 9.1　洛書のサイコロの比較

	A		B		C	
	計	頻度	計	頻度	計	頻度
	2	1	6	25	4	9
	5	10	9	10	7	18
	8	25	12	1	10	9

表 9.2　ローワットのサイコロを 2 度投げたときの確率

		A		
B	2		5	8
6	B: $1 \times 25 = 25$	B: $10 \times 25 = 250$	A: $25 \times 25 = 625$
9	B: $1 \times 10 = 10$	B: $10 \times 10 = 100$	B: $25 \times 10 = 250$
12	B: $1 \times 1 = 1$	B: $10 \times 1 = 10$	B: $25 \times 1 = 25$

		B		
C	6		9	12
4	B: $25 \times 9 = 225$	B: $10 \times 9 = 90$	B: $1 \times 9 = 9$
7	C: $25 \times 18 = 450$	B: $10 \times 18 = 180$	B: $1 \times 18 = 18$
10	C: $25 \times 9 = 225$	C: $10 \times 9 = 90$	B: $1 \times 9 = 9$

		C		
A	4		7	10
2	C: $9 \times 1 = 9$	C: $18 \times 1 = 18$	C: $9 \times 1 = 9$
5	A: $9 \times 10 = 90$	C: $18 \times 10 = 180$	C: $9 \times 10 = 90$
8	A: $9 \times 25 = 225$	A: $18 \times 25 = 450$	C: $9 \times 25 = 225$

表 9.3　ローワットのサイコロの比較

非推移的な結果

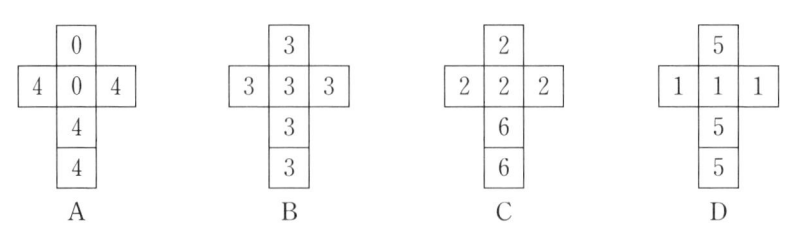

図 9.7　エフロンのサイコロの展開図1

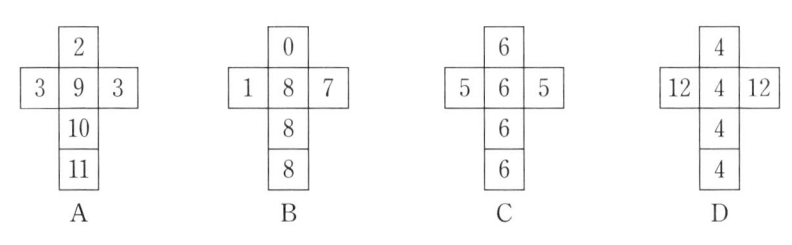

図 9.8　エフロンのサイコロの展開図2

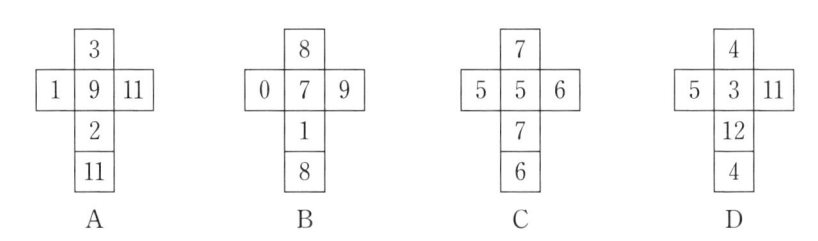

図 9.9　エフロンのサイコロの展開図3

エフロンのサイコロ

　スタンフォード大学の統計学者ブラッドリー・エフロン氏は、この洛書の魔方陣のアイデアを4つのサイコロに拡張させ、3つの組で考えた（図9.7、図9.8、図9.9）。このとき、どのケースにおいてもA→B→C→D→Aとなる。

　この場合、引き分けの可能性が存在するので、事情は少々複雑である。そ

B	A						C	B					
	1	2	3	9	10	11		0	1	7	8	8	9
0	A	A	A	A	A	A	5	C	C	B	B	B	B
1	X	A	A	A	A	A	5	C	C	B	B	B	B
7	B	B	B	A	A	A	6	C	C	B	B	B	B
8	B	B	B	A	A	A	6	C	C	B	B	B	B
8	B	B	B	A	A	A	7	C	C	X	B	B	B
9	B	B	B	X	A	A	7	C	C	X	B	B	B

D	C						A	D					
	5	5	6	6	7	7		3	4	4	5	11	12
3	C	C	C	C	C	C	1	D	D	D	D	D	D
4	C	C	C	C	C	C	2	D	D	D	D	D	D
4	C	C	C	C	C	C	3	X	D	D	D	D	D
5	X	X	C	C	C	C	9	A	A	A	A	D	D
11	D	D	D	D	D	D	10	A	A	A	A	D	D
12	D	D	D	D	D	D	11	A	A	A	A	X	D

表 9.4 エフロンのサイコロの比較

こで時間をかけて表をつくる（表9.4）。表において数が一致する事象（引き分け）を X と表す。

　数が一致する事象は4つのケースともすべてまったく同じなので、代表として最初の A と B の対戦のケースだけを扱う。そこで A が勝つ確率を p とすると

$$p = \frac{22}{36} + \frac{1}{36} \times p + \frac{1}{36} \times p$$

となる。これより $p = \frac{11}{17}$ となるので、A → B の確率は $\frac{11}{17}$ となり、当然この確率はその他の組でも同じとなる。

非推移的な結果

コイン投げ

　非推移的な結果の 2 つ目の例は、偏りのないコインのコイン投げに関するものである。いうまでもなくマーティン・ガードナー氏がこれを考察しているが、私が知ったのは、随分前に廃刊したウォーリック大学の数学雑誌「マニホールド」でのことだった。プレーヤー A が偏りのないコインを繰り返し投げる前に、まずプレーヤー B に表と裏が 3 つ並んだ列を 1 つ選ばせる——たとえば HTH (表裏表) のようにである。そのあと A もそのような列を 1 つ選ぶ。そして A は 2 人が選んだ列のどちらか一方が現れるまでコインを投げ続け、先に自分の列が出た場合に勝ちとなる。列の可能な組み合わせは 8 通り存在するが、B がそのなかに最良の選択肢があるのではないかと考えるのはおかしなことではない。しかし、実際にはその選択肢は存在しないのである。

　表 9.5 の一番左の列には、B が選べる 8 通りの選択肢が示され、真ん中の列には、各ケースにおいて A が選ぶべき選択肢が示されている。そして一番右の列には、それを選んだときの A が勝つ確率が示されている。

　この最後の列の確率を計算するのは少々大変である。そこで樹形図を利用し、本質的に異なる組を別々に考えてゆく。

HHH ⇔ THH と TTT ⇔ HTT の組

　最初の 3 回のコイン投げで HHH となれば、B の勝ちである。そうではなく、裏 (T) が 1 つ途中で現れた場合、それ以降どれだけ裏 (T) が現れようとも、その時点で A が勝つには 2 回表 (H) が必要で、B が勝つには 3 回続けて表 (H) となる必要がある。B が 3 回続けて表 (H) を出す前に 2 回表 (H) が出るのは確実なので、A が勝つのは時間の問題となる。最初の 3 つのコイン投げにおいては 8 通りのうち 7 つの可能性で A が勝つので、A が勝つ確率は $\frac{7}{8}$ となる。

　これは簡単であるが、次に少し難しいケースを考える。

Bの選択肢	Aの選択肢	Aの勝つ確率
HHH	THH	$\frac{7}{8}$
HHT	THH	$\frac{3}{4}$
HTH	HHT	$\frac{2}{3}$
HTT	HHT	$\frac{2}{3}$
THH	TTH	$\frac{2}{3}$
THT	TTH	$\frac{2}{3}$
TTH	HTT	$\frac{3}{4}$
TTT	HTT	$\frac{7}{8}$

表 9.5 コイン投げの比較

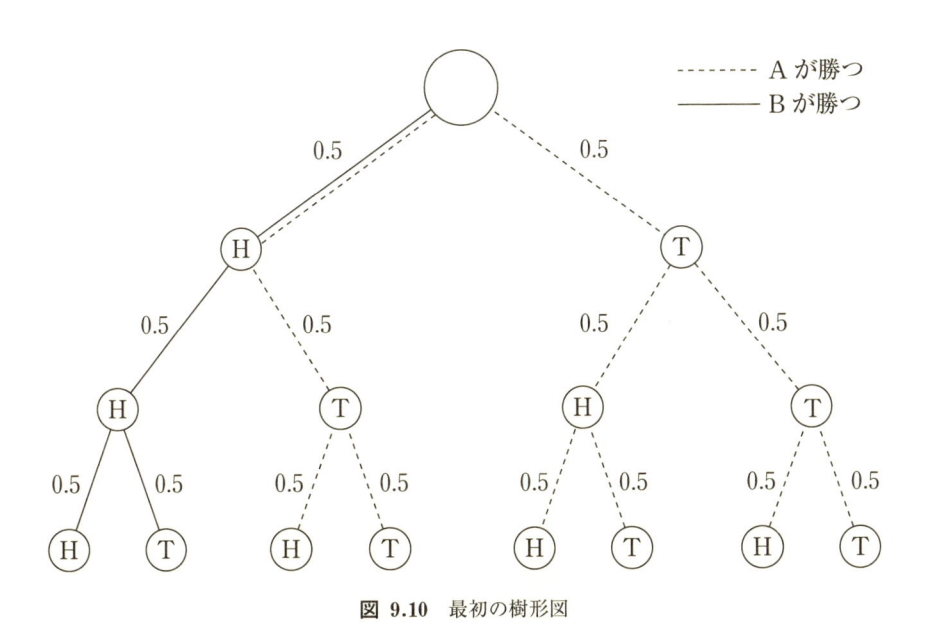

図 9.10 最初の樹形図

非推移的な結果

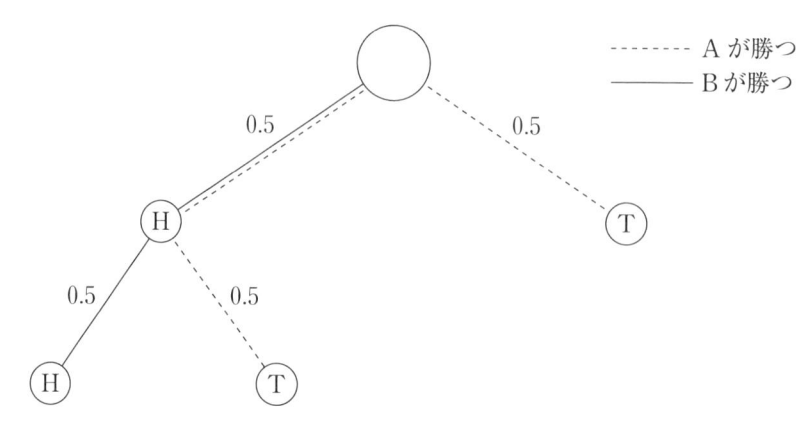

図 9.11 切り取られた樹形図

HHT ⇔ THH と TTH ⇔ HTT の組

図 9.10 で示すように、3 段階の樹形図を用いて状況を分析してゆく。

図 9.10 は、A または B のどちらかが確実に勝つ 2 つの経路を表している。しかし、ここで樹形図を切り取って考えてみることにしよう。まず、最初のコイン投げで裏 (T) が出た場合、その後に何が起ころうとも、A が選んだ列を完成させるのには HH が必要となる。しかし、この HH は B の列の最初の 2 つにあたる。つまりこの場合は A が勝つことになり、樹形図の右側の部分はすべて A が勝つ経路となる。次に最初の 2 回のコイン投げで HT が出た場合、A は同じ理由で勝つ。HH と出た場合、B が勝つ。この樹形図を簡略化したものが図 9.11 である。

よって A が勝つ確率は $\frac{1}{2} + \frac{1}{2} \times \frac{1}{2} = \frac{3}{4}$ となる。

最後に表中央の 4 つのケースを調べよう。この場合、樹形図ですべてのケースを完全に解決できるわけではないので、これまでのものより捉えにくいものとなる。

HTH ⇔ HHT、HTT ⇔ HHT、THH ⇔ TTH、THT ⇔ TTH の組

3 段階の樹形図が図 9.12 で表されている。

もう一度、樹形図の枝を切り取って考えるが、今回はそれほど多くはなら

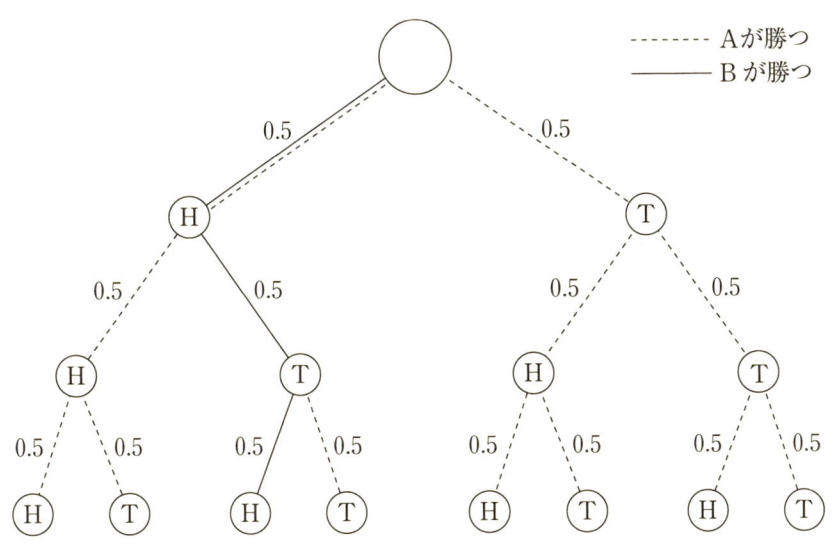

図 9.12　最初の樹形図

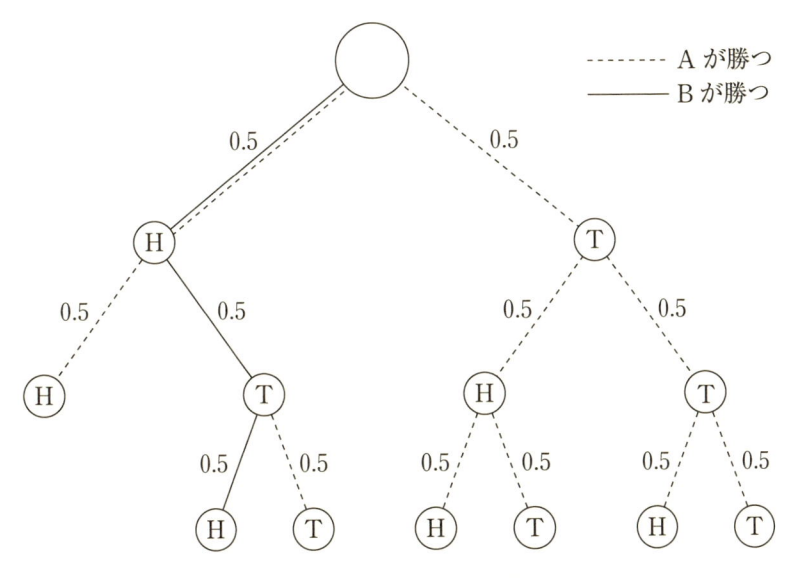

図 9.13　切り取られた樹形図

非推移的な結果

ない。コインを投げて HH が出た場合は A が確実に勝ち、同様に THH の場合も A が勝つ。図 9.13 がその結果である。

残りの確率をより巧みに分析するために、図 9.13 にもう一段階追加する (図 9.14)。ここで p は A が勝つ確率である。

この樹形図を左から右へと見てゆくと、次の式が得られる。

$$p = \left(\frac{1}{2} \times \frac{1}{2}\right) + \left(\frac{1}{2} \times \frac{1}{2} \times \frac{1}{2} \times p\right) + \left(\frac{1}{2} \times \frac{1}{2} \times \frac{1}{2} + \frac{1}{2} \times \frac{1}{2} \times \frac{1}{2} \times \frac{1}{2} \times p\right)$$
$$+ \left(\frac{1}{2} \times \frac{1}{2} \times \frac{1}{2} \times \frac{1}{2}\right) + \left(\frac{1}{2} \times \frac{1}{2} \times \frac{1}{2} \times \frac{1}{2} \times \frac{1}{2} \times p\right)$$
$$+ \left(\frac{1}{2} \times \frac{1}{2} \times \frac{1}{2} \times p\right)$$

これより $\frac{21}{32} \times p = \frac{7}{16}$ となるので、よって $p = \frac{2}{3}$ となる。

これでこの分析は完全なものとなり、非推移性を作り出したことになる。

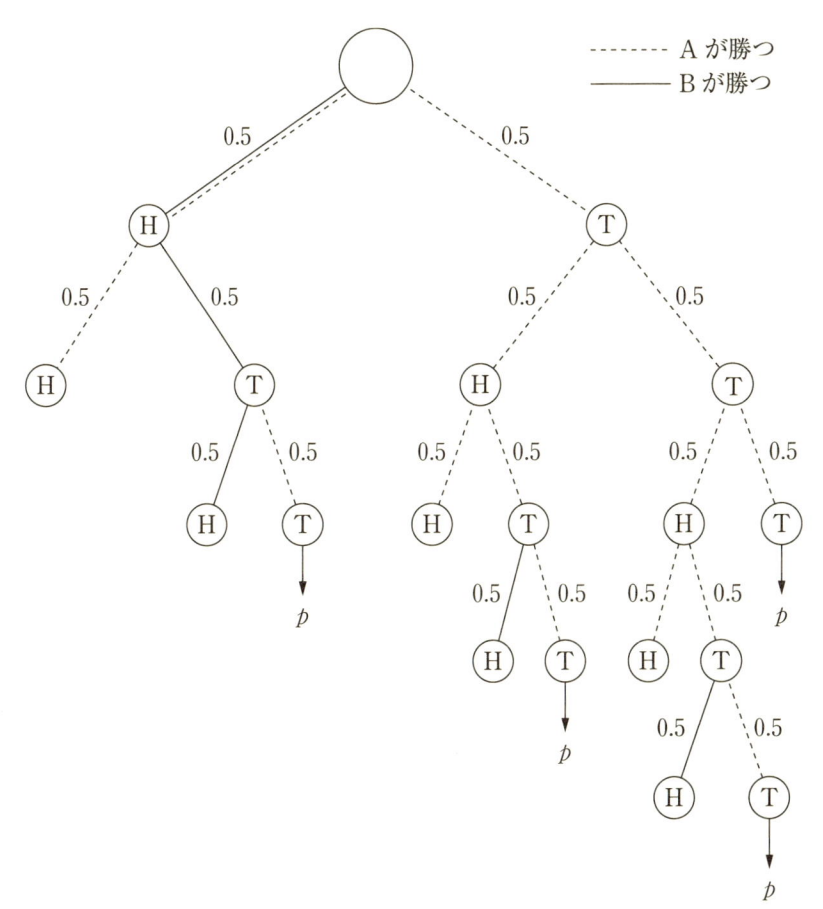

図 9.14　拡張された切り取られた樹形図

非推移的な結果

Chapter 10 追跡問題

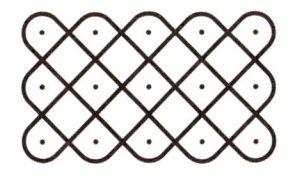

その書は数学の言葉で書かれており、その文字は三角形、円その他の幾何学図形であって、これらの手段がなければ、人間の力では、その言葉を理解できないのです。それなしには、暗い迷宮を虚しくさまようだけなのです。
——ガリレオ・ガリレイ[*1]

　すでに廃刊した「グラハム・ダイアル」誌は、1940年代にはアメリカのエンジニアたちを読者層に25,000部を発行していた。誌上では、L・A・グラハム氏自らが編集する「数学者のためのプライベート・コーナー」という特集が組まれたが、それは読者から読者へと提出された問題を掲載したものだった。「サイエンティフィック・アメリカン」誌に掲載されたマーティン・ガードナー氏の記事がそうであったように、この特集記事をもとに2冊の本が出版され、そこで読者からのオリジナルの問題が議論、論評され、ときには拡張もされた。1959年に出版された1冊目の本『巧緻な数学の問題と方法 (*Ingenious Mathematical Problems and Methods*)』に、本章で扱うことになる問題が載っている。それは「海上での追跡」と呼ばれるものだが、そこでは十分な解説がされていない。この問題を解くには2つの特別な曲線が必要となるが、まずはじめに、そのうちのひとつである追跡曲線の性質を見てゆこう。

線形追跡曲線

　追跡曲線は、地球の磁場を最初に計測した人物として知られるフランスの科学者ピエール・ブーゲが、1732年に最初に研究したものである。追跡曲

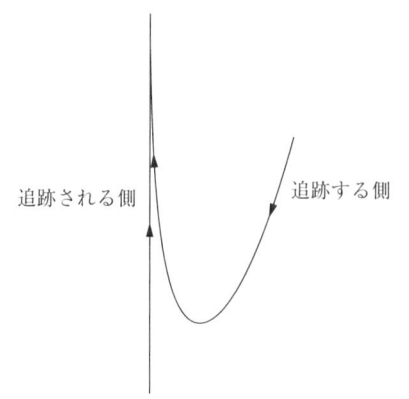

図 10.1　線形追跡曲線

線が実際にどのようなものになるかは、追跡される側がたどる軌道と、追跡する方法に左右される。だがその曲線は、目標を捕らえようとするときに追跡する側がたどるべき軌道である、という点は常に変わることはない。

そこで、追跡される側はまっすぐに移動し、追跡する側は目標の現在の位置に向かって必ず針路を取ると仮定する。このとき追跡する側は連続的に針路を変更しながら移動する。するとアーサー・バーンハート氏によって解かれた「線形追跡曲線」というものができ、この曲線は $y = cx^2 - \ln x$ という式で表すことができる（図 10.1）。

アポロニウスの円を使った追跡曲線

そのほかにも特殊な平面曲線を利用して、追跡する側がより早く目標を捕らえることができる。この曲線は、ペルガのアポロニウス（紀元前 262-190 年頃）の名にちなんでアポロニウスの円と名付けられたもので、以下のように定義される。

異なる固定点 A と B をとり、ある正の定数 k に対して PA：PB$=k$ となるすべての点 P の集合を考える。$k=1$ のときは AB の垂直二等分線が作られる。それ以外では、図 10.2 で示されているような円、つまりアポロニウスの円が作られる。

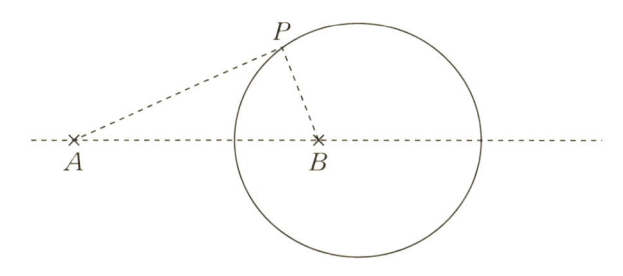

図 10.2　アポロニウスの円

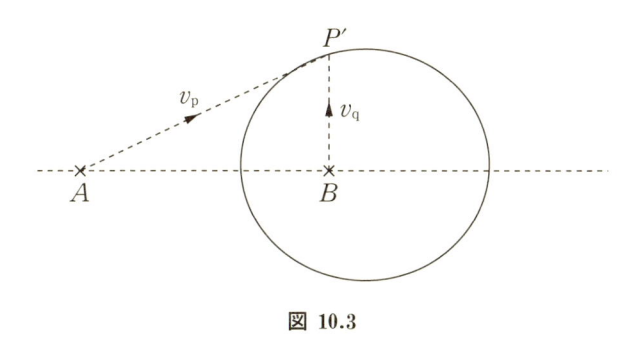

図 10.3

　ここで追跡する側の速さを v_p とし、追跡される側の速さを v_q とする。そして、ある時点における追跡する側の位置を A、追跡される側の位置を B とする。追跡する側は追跡される側の速さ v_q を知っていると仮定すると、図 10.3 で示すような AP：PB＝v_p：v_q を満たす点 P の集合となるアポロニウスの円をイメージすることができる。さらに追跡する側が目標の移動する方向を知っていると仮定すると、追跡される側と円とが交わる点 P′ を計算することができる。よって追跡する側は P′ に向かって進めば、その地点で確実に捕獲できるというわけである。
　これから扱う海上追跡問題を解くにあたって、このアポロニウスの円はそれだけでは十分ではないが、それでも非常に参考になる例である。

追跡問題

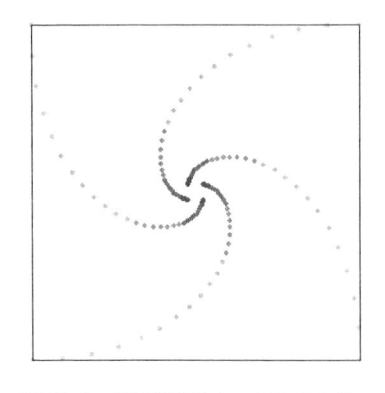

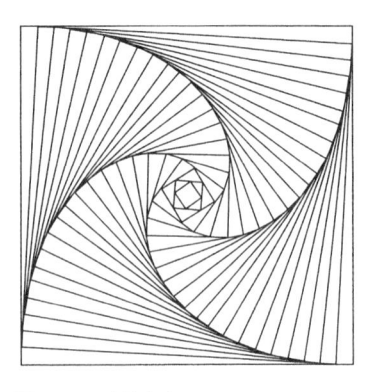

図 10.4　相互追跡の4つのスパイダー　　図 10.5　連結をもつ4つのスパイダー

対数螺旋を使った追跡曲線

　いくつかの対象物を用いて、追跡する側と追跡される側の両者を演じさせることで、追跡曲線の魅力的な一般化が得られる。たとえば図 10.4 のように、正方形のそれぞれの角から出発し、隣の対象物に向かって一定の速度で等しく移動して作られる4つのスパイダーがそのひとつである。また図 10.5 では、追跡する側と追跡される側の位置をつなぐ直線が描かれており、その全体図は芸術的なデザインになっている。

　この芸術的な曲線は、対数螺旋（または等角螺旋）として知られる自己相似の曲線である。この極方程式は a と b を定数として $r=ae^{b\theta}$ で表され、その典型的な例が図 10.6 で示されている。こういった曲線は 1638 年にルネ・デカルトが最初に研究したものであるが、ヤコブ・ベルヌーイにちなみ、ベルヌーイの対数螺旋としてよく知られている。ベルヌーイはこれらの驚くべき性質を数多く発展させた人物で、魅了された彼は、自分の墓石に「*Eadem mutata resurgo*（変化しても同じものに生まれ変わる）」と彫ってほしいと言い残した。しかし不運にも、義務感に駆られた石屋が過剰に手を加えてしまったため、粗雑なアルキメデス螺旋が刻まれることになった（この極方程式は $r=a\theta$ である）。この2つの螺旋の基本的な違いは、アルキメ

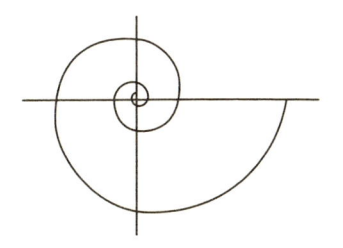

図 10.6 対数螺旋

デス螺旋の逐次回転では一定の分離距離$(2\pi a)$をもつが、対数螺旋では、その距離は等比数列をなしているという点である。

　対数螺旋は自然界に数多く存在する。たとえば昆虫が光源に近づいたり、鷹が餌を狙ったりする経路がこの対数螺旋である。また、それは渦巻く銀河の形や、低気圧の形でもある。ニュートンは『プリンキピア』の第1巻の中で、もし万有引力の法則がよく知られた逆2乗の法則ではなく逆3乗の法則であったならば、太陽の周りの惑星の可能な軌道は対数螺旋となることを証明している。

　対数螺旋は非常に多くの意味で注目すべき曲線であり、私たちの海上追跡問題を解くのに必要な第二の曲線である。

　だがそれを説明する前に、偉大な解析数論の研究者G・H・ハーディに関する興味深い逸話を無視するわけにはいかないだろう。彼は等角螺旋、さらに放物線や双曲線をも表す1つの方程式を発表している。

　1925年、オックスフォード大学でサヴィル幾何学教授職（オックスフォード大学の教職で最上の職）を務めていたハーディは、数学の学会において「幾何学とは何か」という題の会長演説を独特の明快さで行った。そのときの演説が以下である。

　　これから私が話すことに皆さんは異議を唱えるかもしれません……結局、幾何学とは幾何学者のビジネスなのです。私が幾何学者ではないことは私も知っていますし、皆さんも知っていますし、皆さんが知っているということも私は知っています。幾何学とは何であるかということを

私が皆さんにお話しすることは、私にとって意味はありません。というのも、私はそれを知らないからです。残念ですが、非常に明確な意見の分裂に私たちは直面しています。私はどの幾何学も知っているとは言いませんが、幾何学とは何であるかということをかなり明確に理解していると断言します。

しかし彼は1907年に発行された「マセマティカル・ガゼット」誌に、幾何に関する次の小論を寄稿した。

---

224. [M^1.8.g.] 興味深い虚の曲線

曲線 $(x+iy)^2=\lambda(x-iy)$ は、(i)放物線、(ii)直角双曲線、(iii)等角螺旋である。最初の2つの命題は明らかに真である。極方程式は

$$r=\lambda e^{-3i\theta}$$

で、等角螺旋の式である。自然方程式が $\rho=3\,is$ であることが簡単にわかる。

(i)「放物線と直角双曲線のどちらの曲線の方程式も、上記の式または

$$(x+iy)^2=x \quad (\text{または } y)$$

の式の形になると示すこと」、そして (ii)「デカルト座標（直交座標）で表された後者の2つの方程式のひとつから、直接、自然方程式を定義すること」は有益である。

G・H・ハーディ

ここでは複素数について深入りする予定はないので、この彼の議論については詳しく追求しない。しかし命題の「明らかに真である」という部分は、次の2つの変数変換に依存しているようだ。

- $X=x-iy$ と $Y=x+iy$：これはその方程式を放物線 $Y^2=\lambda X$ の式に変換する。
- $X=(x+iy)/(x-iy)$ と $Y=x+iy$：これはその方程式を直角双曲線 $XY=\lambda$ の式に変換する。

それが等角螺旋でもあるということは、複素数の極形式 $z = re^{i\theta}$ を用いて次のように示される。z^* を z の共役複素数とするとき、その極形式は $z^* = re^{-i\theta}$ であるので、その式は $z^2 = \lambda z^*$ の形で表される。よって彼の式は

$$(re^{i\theta})^2 = \lambda(re^{-i\theta})$$

となり

$$r = \lambda e^{-3i\theta}$$

と簡略化できる。そして等角螺旋が再度現れる。

では、私たちにとっての本題に取りかかるとしよう。

新たな追跡問題

本章の前半の例では、追跡する側は追跡される側の速さだけではなく、その進む方向までも知っていると仮定した。もしこの2つ目の情報を外した場合どうなるだろう？ そこで次の問題を考えてゆく。

直線方向に全速力で進む密輸船が沿岸警備隊に追跡されていたが、霧が2艘の船を包み込み、互いに見えなくなったときに拿捕された。密輸船は非常に小さい船であるため、電子探知機で識別したり、その航跡を追跡することは難しい。このように密輸船の位置や進行方向がわからないにもかかわらず、沿岸警備隊はその密輸船を確実に捕まえることを保証する針路を取ることができる。

ここでの決定的な言葉のひとつが「保証する」である。これは運の問題でもなく、確率の問題でもない。アポロニウスの円と対数螺旋を使って、確実に密輸船を捕まえることができるのである。

解法

まずはじめにアポロニウスの円を使う。沿岸警備隊の船の速さを v_c とし、

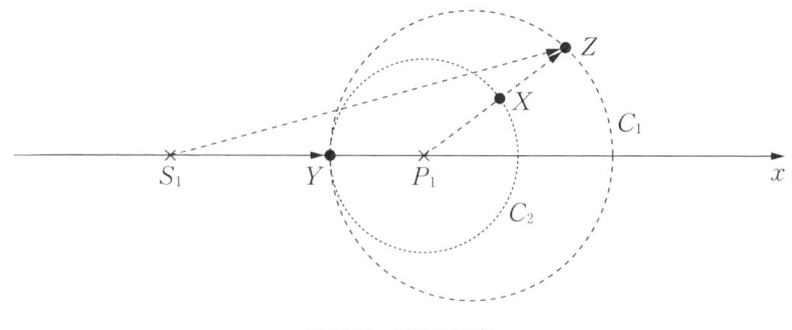

図 10.7　解法の図解

密輸船の速さを v_s とする。わかりやすく $k=v_c/v_s>1$ とする。すると以下の方法で、図 10.7 が作られる。

　霧の中に入ったときの密輸船の位置を P_1、沿岸警備隊の位置を S_1 と仮定する。d を距離 $S_1P_1=(k+1)d$ という条件で定義し、$AS_1=kAP_1$ となるすべての A の点からなるアポロニウスの円 C_1 を作る。そして、その円と S_1P_1 の交わる地点を Y とする。このとき $S_1Y=kd$、$YP_1=d$ となる。沿岸警備隊の船長は円 C_1 上の任意の点を目指して進むことができ、もし彼が密輸船への適切な方向を選択する際に十分に幸運ならば、先の例で見たように、拿捕は Z の地点で起こる。

　次に異なる作戦を考えよう。S_1 から Y（距離は kd）に移動すると、P_1 からの距離は d となる。$v_s=(1/k)v_c$ より、密輸船は距離 d だけ移動し、P_1 を中心とする半径 d の円 C_2 上のどこかの地点 X に位置する。このとき密輸船と沿岸警備隊の両者は、P_1 から距離 d のところに位置することになる。ここで沿岸警備隊は、P_1 の地点から密輸船と同じ距離を維持し、2 艘の船の経路が交差するという作戦を実行する。P_1 を原点とし、x 軸の正方向に関して、沿岸警備隊の経路の極方程式を $r=r(\theta)$ と表す。θ はその方向から左回りの角である。$dr/dt=v_s$ のとき、両者とも P_1 から同じ距離を維持することが確実となる。s を沿岸警備隊が Y から移動した距離であるとすると、$ds/dt=v_c$ となり、これより

$$\frac{\mathrm{d}s}{\mathrm{d}r}\frac{\mathrm{d}r}{\mathrm{d}t}=v_c \text{ および } \frac{\mathrm{d}s}{\mathrm{d}r}=\frac{v_c}{v_s}=k$$

となる。
　次に微積分の標準的な結果

$$\left(\frac{\mathrm{d}s}{\mathrm{d}r}\right)^2 = 1+\left(r\frac{\mathrm{d}\theta}{\mathrm{d}r}\right)^2$$

を用いる（付録 C 参照）。これより

$$\left(r\frac{\mathrm{d}\theta}{\mathrm{d}r}\right)^2 = k^2-1 \quad \text{および} \quad r\frac{\mathrm{d}\theta}{\mathrm{d}r}=\sqrt{k^2-1}$$

となる。標準的な積分の形で書き直すと、これは

$$\int \mathrm{d}\theta = \sqrt{k^2-1}\int \frac{1}{r}\,\mathrm{d}r$$

となり、定数 a に対し

$$r=ae^{\theta/\sqrt{k^2-1}}$$

となる。よって対数螺旋の極方程式が得られる。
　また、定数 a を定めるのに、$\theta=\pi$ のとき $r=d$ となる条件を使うことができる。式

$$r=ae^{\theta/\sqrt{k^2-1}}$$

より

$$d=ae^{\pi/\sqrt{k^2-1}} \qquad a=de^{-\pi/\sqrt{k^2-1}}$$

となり、螺旋の式は

$$r=de^{-\pi/\sqrt{k^2-1}}e^{\theta/\sqrt{k^2-1}}=de^{(\theta-\pi)/\sqrt{k^2-1}}$$

となる。そして問題の解の経路は

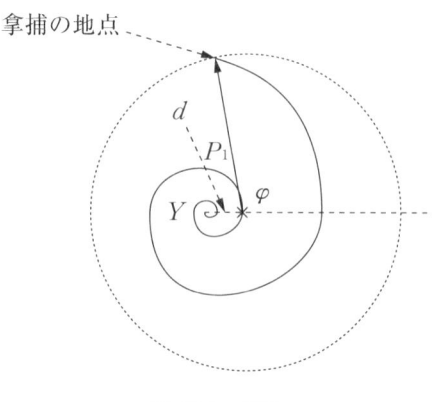

図 10.8 拿捕

$$r = de^{(\theta-\pi)/\sqrt{k^2-1}}$$

となる。この螺旋はいつかは密輸船の経路と交差し、このとき2艘の船は図10.8で表されるように P_1 から等距離となる。つまり2艘の船は同じ場所で出会うことになり、拿捕が確実となる。

もし密輸船の経路が x 軸の正方向から φ の角度であれば、拿捕は $\theta = 2\pi + \varphi$ ($-\pi \leq \varphi \leq \pi$) のときに起こる。そして $\theta = \pi$ から $\theta = 2\pi + \varphi$ までの経路の弧の長さを計算すると、拿捕までの移動距離が計算できる。この経路(弧の長さ)は、付録Cの2つ目の形

$$\left(\frac{ds}{d\theta}\right)^2 = \left(\frac{dr}{d\theta}\right)^2 + r^2$$

から導くことができ、その長さは

$$s = \int_\pi^{2\pi+\varphi} \sqrt{\left(\frac{dr}{d\theta}\right)^2 + r^2}\, d\theta$$

$$= \int_\pi^{2\pi+\varphi} \sqrt{\left(\left(\frac{d}{\sqrt{k^2-1}}\right)^2 + d^2\right) e^{2(\theta-\pi)/\sqrt{k^2-1}}}\, d\theta$$

$$= \frac{dk}{\sqrt{k^2-1}} \int_\pi^{2\pi+\varphi} e^{(\theta-\pi)/\sqrt{k^2-1}} d\theta$$
$$= \frac{dk}{\sqrt{k^2-1}} \left[\sqrt{k^2-1}\, e^{(\theta-\pi)/\sqrt{k^2-1}} \right]_\pi^{2\pi+\varphi}$$
$$= dk(e^{(\pi+\varphi)/\sqrt{k^2-1}} - 1)$$

となる。捕まえるまでの時間 t は

$$de^{(\theta-\pi)/\sqrt{k^2-1}} = v_s t$$

より、$\theta = 2\pi + \varphi$ であるので

$$t = (d/v_s)\, e^{(\pi+\varphi)/\sqrt{k^2-1}}$$

となる。

Chapter 11　パロンドのパラドックス

> それは1行の証明となる……もし左のはるか彼方から書き始めれば。
> ——ケンブリッジ大学の某講師

　私たちはみな、大半の賭け事、とくに自分たちに不利なゲームには負けるものだと思っている。もし、このようなゲームを1つだけ行い、所持金が単調に減っていくのを眺めるのが嫌なのであれば、2つのゲームをかわるがわるプレーすることもできるが、それでもやはり所持金は減るだろうということは予想がつく。しかし、その考え方はファン・パロンド博士の「必ず負けるゲームを2つ組み合わせると、必ず勝てるゲームになる」という発見を無視していることになる。

　通常私たちは、勝ち目のないゲームに対して厳密な定義をしようとはしない。というのは、それが何であるか直観的に感じているし、私たちの目的にはその感覚だけで十分だからである。つまり、そのようなゲームに賭けること自体が馬鹿げていると感じたなら、長期的に見て、ゲームが終了するときには元金が減っているだろうと予想がつくわけである。数学的に考えると、そのような賭け事は、どんな場合でも勝つ確率が0.5より小さい（たとえそれが0.5であっても、所持金額が相手より少ない場合には負ける可能性がある。この問題について詳しく知りたい読者の方は「ギャンブラーの破産問題」を調べてみるとよいだろう）。

　さてここで、上に述べたような勝ち目のない2つのゲームがあると仮定しよう。それらをA、Bとし、それぞれ個々に、または2つを組み合わせてプレーする。たとえば少しの間Aをプレーし、それからBに変えて賭けを続けてもよい。または交互にABABAB……とプレーすることもできるし、

コイン投げでその順番を決めてもよい。ゲームの種類やその順番の決め方がどのようなものであろうと、長期的に見て私たちは負けることを覚悟するだろう。しかしパロンドの結果によると、最終的に勝つための組み合わせが存在するというのである。それは1999年に出版された「スタティスティカル・サイエンス」誌のG・P・ハーマーとD・アボットの論文「パロンドのパラドックス」[*1]で発表されている。それより3年前、スペインの物理学者ファンM・R・パロンドはイタリアのトリノで開かれたワークショップで、論文という形ではなかったが、そのアイデアを発表した。その中で彼は、明らかに勝つ見込みのない2つのゲームを組み合わせてできる、1つの勝つ見込みのあるゲームを定義している。つまりプレーヤーの勝ち運は、この組み合わせたゲームをプレーし続けると明らかに増加するというわけである。本章では、この注目すべき「パロンドのゲーム」の過程を見てゆく。

基本的なゲーム

これから見てゆくものは、マルコフ連鎖というはるかに広範囲なテーマの一部であるが、ここではそのもっとも単純なアイデアを使う。繰り返し1つのゲームを行い、1回のゲームで勝つ確率をp、負ける確率を$1-p$とする。ゲームを開始した時点での所持金がrのとき、その所持金が0となる確率をP_rと表す。対戦相手が所持金を使い果たす可能性は考えない。

図11.1は、私たちがもう1回ゲームをするときの局面をまとめたものである。これは

$$P_r = pP_{r+1} + (1-p)P_{r-1} \qquad (r \geq 1) \tag{1}$$

を表し、$P_0=1$ となる。

この式はこの種のゲームを要約したもので、P_rに対する漸化式を作り出している。私たちが求めているのは、pとrだけを用いたP_rの式である。

その式を導き出すトリックは、$P_r = x^r$ の解を求めることだ。この式から

$$x^r = px^{r+1} + (1-p)x^{r-1}$$

となり、両辺をx^{r-1}で約すと、$x = px^2 + (1-p)$ または

```
                    元金 r から開始。私たちの所持
                    金が 0 に減少する確率は $P_r$ で
                    ある。
                         /\
                        /  \
                      p/    \1-p
                      /      \
勝ち。よって私たちの所持金は          負け。よって私たちの所持金は
現時点で r+1 であり、私たち         現時点で r-1 であり、私たち
の所持金が 0 に減少する確率は         の所持金が 0 に減少する確率は
$P_{r+1}$ である。                  $P_{r-1}$ である。
```

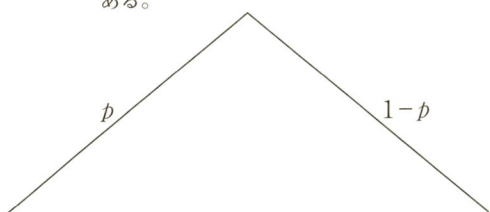

図 11.1 基本的な樹形図

$$px^2 - x + (1-p) = 0$$

となる。この2次方程式は $(x-1)(px-(1-p))=0$ に因数分解でき、$x=1$、$x=(1-p)/p$ と解が求まる。つまり

$$P_r = 1^r = 1 \quad \text{と} \quad P_r = \left(\frac{1-p}{p}\right)^r$$

は両方とも解になる。式(1)にそれぞれを代入すると、簡単に確かめることができる。

これだけではない。さらに各解の任意の定数倍が再び解となること、そして2つの解の和が解となるということも簡単に確かめることができる。これより、定数 P、Q に対し

$$P_r = P\left(\frac{1-p}{p}\right)^r + Q \qquad (r \geq 0)$$

が(1)の完全な一般解であることが導かれる。

次に $P+Q=1$ を得るために、$P_0=1$ という条件を使う。この $P+Q=1$ は、2つの未知数が含まれた1つの式である。P と Q のただ1つの値を見

つけるためには、2つ目の独立した式が必要となるが、これはそう簡単なことではない。

対戦相手の最初の所持金額がわかっている場合、2人のプレーヤーの元金の合計を、たとえば N と仮定することができる。このとき条件 $P_N=0$ を使うと、P と Q に対する2つ目の式が求まり、P と Q の値が定まる。ところが実際には、そのような条件はない。しかし、次の直観的に理解できる議論を用いることにより、話を進めることができる。

$(1-p)/p$ は、1 より大きいか、小さいか、または 1 となるかなので、この3つのケースに分けて考える。

$(1-p)/p=1$（つまり $p=\frac{1}{2}$）のとき、$P_r=P+Q=1$ となる。そして長期的に見て、より多くの元金をもっている対戦相手にすべての所持金が流れることになる。

$(1-p)/p>1$ のとき、P キロならば、r が増加するにつれ P_r は $[0,1]$ 内に入らない。これは確率の法則に反する。したがって、$P=0$ すなわち $Q=1$ となる。すべての r に対して $P_r=1$ となる。

$(1-p)/p<1$ のとき、r が増加すると

$$\left(\frac{1-p}{p}\right)^r \to 0$$

となる。しかし r を無限にもってゆくと、負ける確率は 0 に近づく。つまり $Q=0$ となり、よって $P=1$ となる。この場合

$$P_r = \left(\frac{1-p}{p}\right)^r \qquad (r>0)$$

となり、次のように結論づけることができる。

$$P_r = \begin{cases} 1, & \frac{1-p}{p} \geq 1 \quad (\text{負け}) \\ \left(\frac{1-p}{p}\right)^r, & \frac{1-p}{p} < 1 \quad (\text{勝ち}) \end{cases} \qquad (2)$$

p に対する不等式は、それぞれ $p \leq \frac{1}{2}$、$p > \frac{1}{2}$ となり、もしゲームの勝負

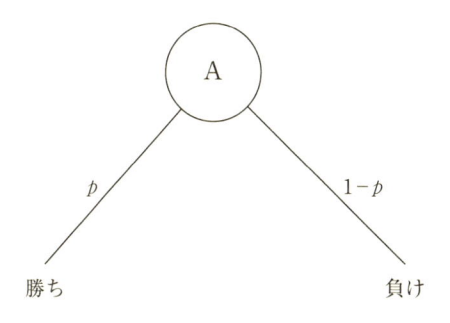

図 11.2 ゲーム A の樹形図

が対等または私たちに不利である場合、おそらく最終的にすべての所持金を失うことになるだろうという直観的に理解できる見解と一致する。前にも言及したように、もし私たちが対戦相手の所持金をゼロにする可能性がないのなら、たとえ対等なものであっても、勝つ見込みのないゲームとなるわけだ。

パロンドのゲームの仕組み

　パロンドのパラドックスを明らかにするために、次の3種類のゲームを繰り返す。まず、勝つ見込みのない2つのゲームをA、Bとする。そして、この2つのゲームを組み合わせて複合ゲームCを作り、それに勝つことを証明してゆく。

ゲーム A

　ゲーム A は、先に紹介したゲームと同じ——偏りのあるコインを投げ、確率 p で表が出て勝つか、確率 $1-p$ で裏が出て負けるか——である。したがって勝ち負けの条件も、前と同じ図で表される。図11.2 はそれを説明したものである。この解は前ページの式(2)より求まる。

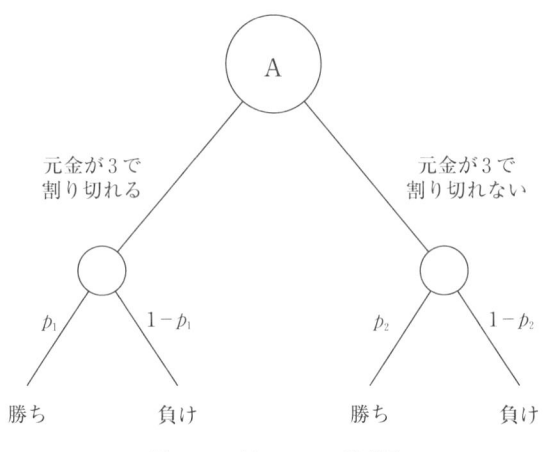

図 11.3 ゲーム B の樹形図

$$P_r = \begin{cases} 1, & p \leq \dfrac{1}{2} \quad (\text{負け}) \\ \left(\dfrac{1-p}{p}\right)^r, & p > \dfrac{1}{2} \quad (\text{勝ち}) \end{cases}$$

ゲーム B

ゲーム B は、そのときの元金の額によって勝つ確率が異なるので、より複雑である。正確には、もし元金が 3 の倍数ならば私たちは確率 p_1 で勝つ。そうでなければ確率 p_2 で勝つ。図 11.3 はそれをまとめたものである。

すべての正の整数は $\{3r, 3r+1, 3r+2\}$ のいずれかなので、3 つの漸化式を考える必要がある。1 つ目は図中の左側の枝から作られ、残りの 2 つは右側の枝から作られる。

前で定義した P_r を用いると

$$P_{3r} = p_1 P_{3r+1} + (1-p_1) P_{3r-1} \qquad (r \geq 1) \tag{3}$$

$$P_{3r+1} = p_2 P_{3r+2} + (1-p_2) P_{3r} \qquad (r \geq 0) \tag{4}$$

$$P_{3r+2} = p_2 P_{3r+3} + (1-p_2) P_{3r+1} \qquad (r \geq 0) \tag{5}$$

となる。ここで $P_0=1$ である。

　ここでもまた r を用いた P_r の式を求めるが、まず P_{3r} の式を求めることで話を進めてゆく。

　代数は回りくどい。まず式(4)と(5)をそれぞれ次のように書き直してから始める。

$$P_{3r+1} - p_2 P_{3r+2} = (1-p_2) P_{3r}$$

と

$$P_{3r+2} - (1-p_2) P_{3r+1} = p_2 P_{3r+3}$$

そして、これらを2つの未知数 P_{3r+1} と P_{3r+2} の2つの式として考える。

　最終的にこれらの式の解は（一般的な求め方ではあるが、面倒な代数の計算をすると）

$$P_{3r+1} = \frac{(1-p_2) P_{3r} + p_2^2 P_{3r+3}}{1-p_2+p_2^2}$$

$$P_{3r+2} = \frac{(1-p_2)^2 P_{3r} + p_2 P_{3r+3}}{1-p_2+p_2^2}$$

となる。P_{3r+2} の式の r を $r-1$ に置き換えると

$$P_{3r-1} = \frac{(1-p_2)^2 P_{3r-3} + p_2 P_{3r}}{1-p_2+p_2^2}$$

となる。そして P_{3r+1} と P_{3r-1} の2つの式を(3)に代入し、まとめると

$$P_{3r}(1-p_1-2p_2+p_2^2+2p_1 p_2)$$
$$= p_1 p_2^2 P_{3r+3} + (1-p_1)(1-p_2)^2 P_{3r-3}$$

となり、これは

$$P_{3r}((1-p_1)(1-p_2)^2 + p_1 p_2^2)$$
$$= p_1 p_2^2 P_{3r+3} + (1-p_1)(1-p_2)^2 P_{3r-3}$$

または

パロンドのパラドックス　　**145**

$$P_{3r} = \frac{p_1 p_2^2}{(1-p_1)(1-p_2)^2 + p_1 p_2^2} P_{3r+3}$$
$$+ \frac{(1-p_1)(1-p_2)^2}{(1-p_1)(1-p_2)^2 + p_1 p_2^2} P_{3r-3}$$

と書き表すことができる。少しわかりづらいが注意して見ると、係数の和が1より、これは式(1)において

$$p = \frac{p_1 p_2^2}{(1-p_1)(1-p_2)^2 + p_1 p_2^2}$$

そして r を $3r$ に置き換えた式である。よって

$$\frac{1-p}{p} = \frac{(1-p_1)(1-p_2)^2}{p_1 p_2^2}$$

となり

$$P_{3r} = A\left(\frac{(1-p_1)(1-p_2)^2}{p_1 p_2^2}\right)^{3r} + B$$

となる。これは

$$\frac{(1-p_1)(1-p_2)^2}{p_1 p_2^2}$$

の部分だけが異なるが、前述のものとまったく同じ議論により

$$P_{3r} = \begin{cases} 1, & \frac{(1-p_1)(1-p_2)^2}{p_1 p_2^2} \geq 1 \quad (\text{負け}) \\ \left(\frac{(1-p_1)(1-p_2)^2}{p_1 p_2^2}\right)^{3r}, & \frac{(1-p_1)(1-p_2)^2}{p_1 p_2^2} < 1 \quad (\text{勝ち}) \end{cases}$$

が出る。（かなりうんざりするが）P_{3r+1} と P_{3r+2} でも同様に行うと、$3r$ をそれぞれ $3r+1$ と $3r-1$ に置き換えた同じ式が求まる。これらをまとめると、r を用いた P_r の式は

$$P_r = \begin{cases} 1, & \dfrac{(1-p_1)(1-p_2)^2}{p_1 p_2^2} \geq 1 \quad (負け) \\ \left(\dfrac{(1-p_1)(1-p_2)^2}{p_1 p_2^2}\right)^r, & \dfrac{(1-p_1)(1-p_2)^2}{p_1 p_2^2} < 1 \quad (勝ち) \end{cases}$$

となる。$p_1 = p_2 = p$ のとき、この式がゲームAとまったく同じ式になることに注意する。つまり、ゲームAはゲームBの特別なケースなのである。

では次に、この話のクライマックスである複合ゲームCを考えてゆこう。

ゲームC

確率がγであるゲームAと、確率が$1-\gamma$であるゲームBをプレーするとする。図11.4で示されているように、現在の元金が3の倍数かどうかで、すべてが大きく違ってくる。元金が3の倍数のとき、$q_1 = \gamma p + (1-\gamma) p_1$ の確率で私たちは勝つ。そうでなければ、$q_2 = \gamma p + (1-\gamma) p_2$ の確率で勝つ。これは、pをqに置き換えたゲームBと同一の仕組みであり、次のようになる。

$$P_r = \begin{cases} 1, & \dfrac{(1-q_1)(1-q_2)^2}{q_1 q_2^2} \geq 1 \quad (負け) \\ \left(\dfrac{(1-q_1)(1-q_2)^2}{q_1 q_2^2}\right)^r, & \dfrac{(1-q_1)(1-q_2)^2}{q_1 q_2^2} < 1 \quad (勝ち) \end{cases}$$

そして

$$\dfrac{1-p}{p} \geq 1 \quad ゲームAは負け$$

$$\dfrac{(1-p_1)(1-p_2)^2}{p_1 p_2^2} \geq 1 \quad ゲームBは負け$$

$$\dfrac{(1-q_1)(1-q_2)^2}{q_1 q_2^2} < 1 \quad ゲームCは勝ち$$

のとき矛盾した状況が起こる。たとえば $p=0.45$、$p_1=0.01$、$p_2=0.90$、$\gamma=0.5$ とすると

パロンドのパラドックス　**147**

図 11.4 ゲーム C の樹形図

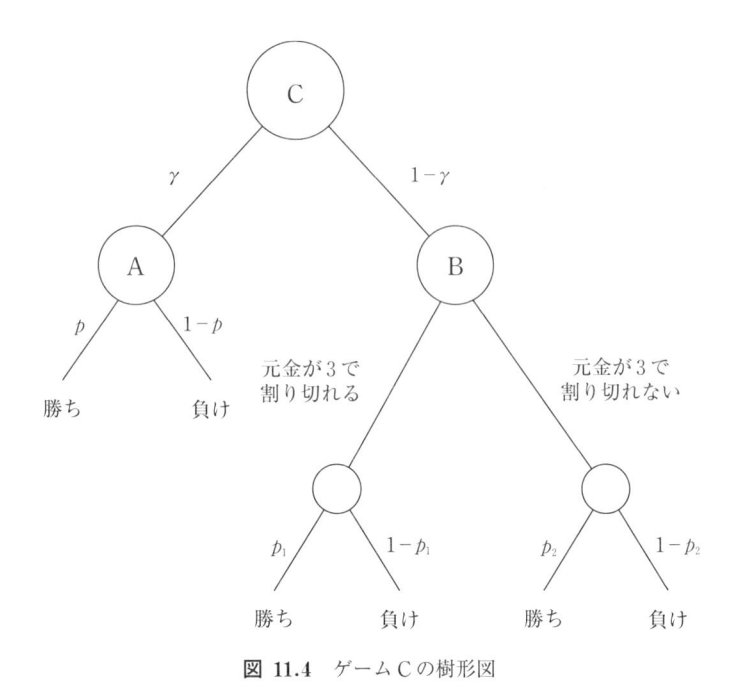

ノード C から確率 γ で A へ、確率 $1-\gamma$ で B へ。
A からは確率 p で勝ち、$1-p$ で負け。
B では、元金が 3 で割り切れる場合は確率 p_1 で勝ち、$1-p_1$ で負け。元金が 3 で割り切れない場合は確率 p_2 で勝ち、$1-p_2$ で負け。

図 11.5 パロンドのパラドックス

$$\frac{1-p}{p}=1.\dot{2}>1$$

$$\frac{(1-p_1)(1-p_2)^2}{p_1 p_2^2}=1.\dot{2}>1$$

$$\frac{(1-q_1)(1-q_2)^2}{q_1 q_2^2}=0.776\cdots<1$$

となる。図11.5 は、このゲームのシミュレーションの結果を表したものである。グラフは、各ゲーム A、B、C を上記の確率で 100 回行ったときの所持金額の推移（1000 回以上の試行から導いた平均）である。

厳密には何が起こっているのか？

確率の選択は任意に見えるかもしれない。しかし、関数

$$\frac{(1-p_1)(1-p_2)^2}{p_1 p_2^2}=1$$

のグラフを調べると、その詳細をより理解することができる。p_2 を p_1 の関数として考えると、その式は

$$p_2=\begin{cases}\dfrac{p_1-1\pm\sqrt{p_1(1-p_1)}}{2p_1-1} & \left(0\leq p_1\leq 1,\ p_1\neq\dfrac{1}{2}\right)\\ \dfrac{1}{2} & \left(p_1=\dfrac{1}{2}\right)\end{cases}$$

となる。そして $0\leq p_2\leq 1$ より、図11.6 の曲線部分

$$p_2=\frac{p_1-1+\sqrt{p_1(1-p_1)}}{2p_1-1}$$

だけが必要となる。$p_1=0.5$ におけるふるまいは、関数が連続となるように定義される。

曲線より下の点と曲線上の点は p_1 と p_2 の組で表され、ゲーム B では負け

パロンドのパラドックス　**149**

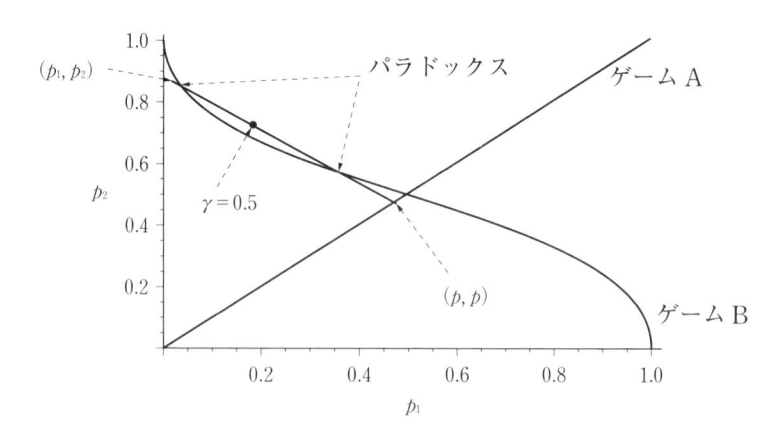

図 11.6 明らかにされたパラドックス

る部分である。原点から延びる斜めの直線は $p_2=p_1$ で、その直線上の点はゲーム A における p の選択を表す。つまり交点 $(0.5, 0.5)$ 上、およびその直線の下の部分ではゲーム A は負け、それより上の部分ではゲーム A は勝つ。

もう一度ゲーム C が勝つ確率

$$q_1 = \gamma p + (1-\gamma) p_1 \quad と \quad q_2 = \gamma p + (1-\gamma) p_2$$

を思い出す。これらの式を

$$\begin{pmatrix} q_1 \\ q_2 \end{pmatrix} = \gamma \begin{pmatrix} p \\ p \end{pmatrix} + (1-\gamma) \begin{pmatrix} p_1 \\ p_2 \end{pmatrix}$$

と表し、γ を変化させると、(q_1, q_2) の組が (p, p) と (p_1, p_2) をつなぐ直線上にあることがわかる。この直線が曲線の上になるように点 (p, p) と (p_1, p_2) を選ぶと、パラドックスが存在する。というのは、これらの値でのゲーム B (つまりゲーム C) は勝つからである。パラドックスが生じるのは曲線の凸性によるものだ。この 3 番目の直線は、上記の確率で定義した 2 点を結んでおり、その直線上にマークされた点は $\gamma = 0.5$ に対応する点である。

少々不自然に見えるかもしれないが、2 つの勝つ見込みのないゲームか

ら、勝つ見込みのあるゲームを作り出す手順は存在するのである。このアイデアが紹介されて以来、2つのネガティブな特徴を組み合わせて1つのポジティブな特徴を作り出せるという実例が数多く報告されてきた。その存在の多様性を実証するために、ブルックヘブン国立研究所のセルゲイ・マスロフ博士が2000年に「ニューヨーク・タイムズ」紙で以下のことを報告した。「1人の投資家が、株で損をしている2人の投資家間で財産を共有したなら、財産は減少するのではなく、むしろ増加する。」また東ケンタッキー大学の学部生であるブルック・バックリーは、卒業論文で、農業でよく知られる次の事実に言及している。「すずめと昆虫は両方とも穀物を食い尽くすことができる。しかしすずめと昆虫を組み合わせることにより、大量の穀物が収穫される。」

Chapter 12   超次元

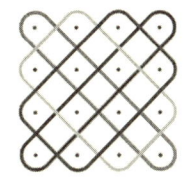

> アメリカ人として初めて地球周回軌道を飛行したジョン・グレン氏の講演を思い出します。ロケットのノーズコーンの中で打ち上げを待ちながら身をかがめているときに何を考えていたのかと尋ねられ、彼はこう答えたそうです。「ロケットには 20,000 個のパーツがあって、そのそれぞれが最低入札者によって作られたのかと考えていたよ。」
>
> ——マーティン・リース

　次元に依存する現象のなかには、直観的に理にかなって見えるものもある。たとえばランダムウォークの発想がそのひとつだ。1 次元の場合、原点から出発するときは同じ確率で左か右に移動する。2 次元では、それぞれ等しい確率で 4 つの方向のいずれかに移動する。両次元とも、最終的に原点に戻る確率が 1 であることを示すことができる。つまり、理論的には迷うことはありえないのである。では、このまま次元が増えればどうなるだろう。その場合は、原点に戻ってこられずに迷ってしまう確率が増加するのではないかと直観的に思えるが、それはおかしなことではないし、実際にその通りのことが起きる。3 次元の場合、戻ってくる確率はわずか約 0.34 であり、n が大きいときの n 次元の場合、その確率は $1/(2n)$ となる。このような超次元の研究は、簡単に私たちの直観を困惑させることになる。

奇妙な現象

　図 12.1 では、半径が 1 の円が 4 つ、4×4 の正方形の中に互いに接するように埋め込まれている。さらにこの正方形の真ん中には、4 つの円すべてに接する 5 番目の小さな円があり、その半径は $\sqrt{1^2+1^2}-1=\sqrt{2}-1$ である。

ここまではとくに問題ない。

これと同じ状況の 3 次元の図が図 12.2 で表され、1 辺の長さが 4 の立方体の中に半径が 1 の球が 8 つ埋め込まれている。そして中心には同じように 8 つの球すべてに接する小さな球があり、その半径は $\sqrt{1^2+1^2+1^2}-1=\sqrt{3}-1$ である。これも自明である。

さらに両ケースとも、真ん中の円や球が、それを取り囲む正方形や立方体の中に含まれるということも自明である。

さてここで、2 次元から 3 次元、3 次元から n 次元へと話を進め、超球が内接している n 次元の超立方体を考えてゆこう。2 次元、3 次元におけるこれらの定義は、直観的にイメージできる。

1 辺の長さが L の n 次元の超立方体（原点に 1 つの頂点をもつ）とは、$x_r \in \{0, L\}$ となる点 $(x_1, x_2, x_3, \cdots, x_n)$ 全体の集合である。このとき、その立方体には 2^n 個の頂点がある（これらの n 次元超立方体を $\binom{N}{n} 2^{N-n}$ 個、$(N \geq n)$ 次空間に埋め込むことができる）。

半径 R の n 次元の超球とは、$x_1^2+x_2^2+x_3^2+\cdots+x_n^2 \leq R^2$ となる点 $(x_1, x_2, x_3, \cdots, x_n)$ 全体の集合である。

ここで 1 辺の長さが 4 の超立方体を考える。一般化されたピタゴラスの定理を使って、内接する小さな超球の半径を計算すると

$$r = \underbrace{\sqrt{1^2+1^2+1^2+\cdots+1^2}}_{n\text{回}} - 1 = \sqrt{n} - 1$$

となる。$n=2$、3 を代入して、前で扱った結果を確かめることができる。それではここで、超立方体の中心から面までの距離が必ず 2 単位になるという事実に、少し焦点を当ててみよう。まず $n=9$ の場合を考える。すると内接する超球の半径は $r = \sqrt{9} - 1 = 2$ となる。これは中心の超球が超立方体の面に接していることを意味し、$n > 9$ のときには超立方体から外側にはみ出すことになってしまう！

さらに、1 辺の長さが m の n 次元の超立方体にピタゴラスの定理を用いると、超立方体内を通る対角線の長さは

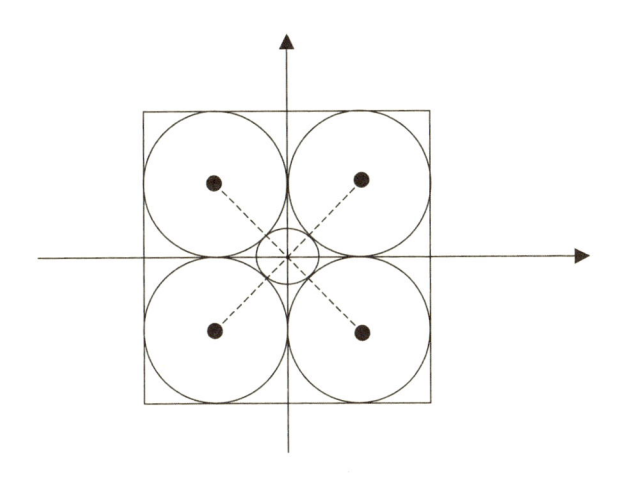

図 12.1 接する円

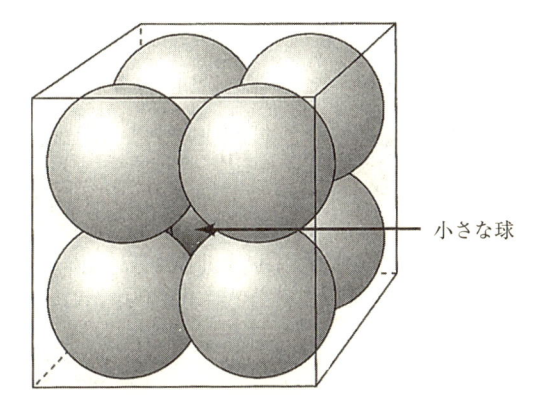

図 12.2 接する球

小さな球

$$r = \underbrace{\sqrt{m^2 + m^2 + \cdots + m^2}}_{n\text{回}} = m\sqrt{n}$$

となる。よって、長さが L の棒を超立方体にぴったり収めようとすると、$m\sqrt{n}=L$ となる。このことは、次元が増えるにつれ、この棒をぴったり収めるのに必要な超立方体の1辺の長さが減少することを意味している。別の

言い方をすれば、たとえば、1辺の長さが1メートルある100次元の超立方体の場合、1メートルよりも長い10メートルの棒を収めることができるし、2.25×10^6次元の超立方体には、1500メートルの長さの棒を収めることができる。

　私たちの3次元的なものの見方でわかることから、超空間において——違和感はあるものの——論理的に真であることを推定することは、本章の主題であり、また数学を扱った有名な文学作品の一節にもなっている。

フラットランド

　六角形のチビさんは、しばらく考え込んでいましたが、「前に数を3乗することについて教えていただきましたね。3の3乗も幾何学で意味があるに違いないと思いますが、それはどういう意味ですか？」と尋ねるのです。
「何の意味もないよ。少なくとも幾何学では何の意味もない。幾何学には2次元しかないからね。」と私は答えました。そして私は、1つの点が3インチの距離を動いて、3インチの線分つまり3で表される線分を作る様子、さらにこの3インチの線分が、3インチ平行移動して3インチ四方の正方形、つまり3の2乗で表される正方形になる様子を見せてやりました。孫はこれについても先ほどの考えに戻って、突然叫びました。
「1つの点を3インチ動かすと3インチの線分になり、3で表され、3インチの線分を平行に移動すると各辺3インチの正方形になり、3の2乗で表されるのなら、その3インチ四方の正方形も、何かの拍子に平行移動すればきっと全部3インチの何か違うものになるはずですよ。そしてこれは多分、3の3乗で表されるものだと思います。」[*1]

　これは、1884年に出版されたエドウィン・A・アボットの数学冒険譚『フラットランド』の主人公、正方形じいさんと、将来有望な正六角形の孫との会話からの引用である。この会話は2次元に住む正方形じいさんが、夢の中で1次元の帝王に2次元の世界を説明するのに失敗し、今度は自分の孫

に、自分たちが住む次元を教えようとしている場面である。またこの少し後では、超次元の世界からやって来た流れ者が点となって現れる。その点は小さな円から最大級の円へとどんどん成長したと思ったら、みるみるうちに小さくなり、再び1つの点となって最後には完全に消えてなくなってしまう。2次元の世界のものにとって、この流れ者が2次元の世界を通り過ぎた3次元の球であったということは理解しがたいのである。

ここまでの例では、私たちの空間感覚を混乱させる初歩的なケースを扱った。本章の残りでは、超次元で生じる奇妙としか言いようのない結果をいくつか取り上げることにする。

離散超次元の体積

1辺の長さが L の超立方体の体積を求める式は $C_n(L) = L^n$ で、非常に単純である。とくに

$$\lim_{n\to\infty} C_n(L) \begin{cases} \to \infty & (L>1) \\ =1 & (L=1) \\ \to 0 & (L<1) \end{cases}$$

と表される。それではこれから、もっと難しい問題、つまり半径が R の n 次元の超球の体積 $V_n(R)$ を求めてゆこう。

まず鍵となるのが、この体積が半径1の n 次元の超球の体積と関係しているということであり、その関係式は $V_n(R) = R^n V_n(1)$ となる。というのは、半径1の超球から半径 R の超球への移行は、各次元において同じ比の相似変換として考えられるからだ。この相似法則によって、体積はこれらの変換の積だけ変化することが決められる。

もちろん n 重積分を使って $V_n(R)$ を求めることもできるが、ここではそのような難しい方法を避けるのが賢明である。その代わりに、カヴァリエリの原理 (第8章) を使って球の体積を調べ、そこから超球の体積を求めてゆく。

この原理に従うと、まずその立体を通る任意の x 軸をとり、図12.3が示すように、この軸と垂直な領域 $A(x)$ を足し合わせて立体の体積を求める

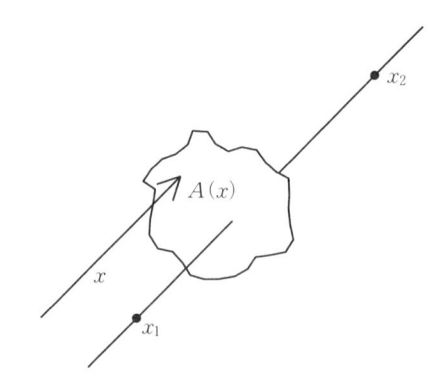

図 12.3 カヴァリエリの原理を使って体積を求める

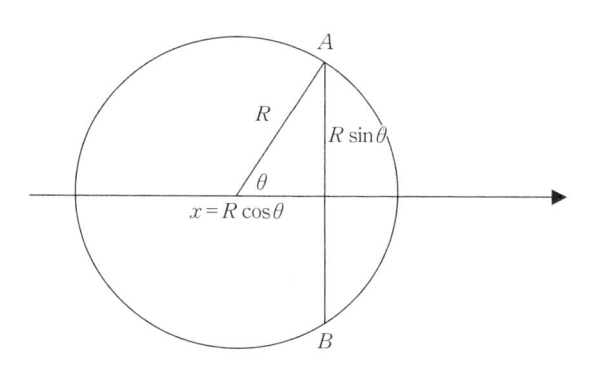

図 12.4 3次元の球の断面

ことになる。

この体積を式で表すと $\int_{x_1}^{x_2} A(x)\,dx$ となる。ではここで、原点が中心の3次元の球にこの原理を適用し、球を通る任意の軸として x 軸をとる。

図 12.4 は球の断面図を表したものである。球の中心から距離 $x = R\cos\theta$ のところで切断すると、断面図は円となり、直径は AB となることから、その球の断面の半径は $R\sin\theta$ となる。すると

$$V_3(R) = \int_{x_1}^{x_2} A(x)\,dx$$

と表せる。ここで
$$A(x) = V_2(R\sin\theta) = (R\sin\theta)^2 V_2(1)$$
である。$x = R\cos\theta$ より $dx/d\theta = -R\sin\theta$ となり、先の積分中の x を θ に置換すると

$$\begin{aligned}V_3(R) &= \int_{-R}^{R} (R\sin\theta)^2 V_2(1)\, dx \\ &= \int_{\pi}^{0} (R\sin\theta)^2 V_2(1) \times -R\sin\theta d\theta \\ &= R^3 V_2(1) \int_0^\pi \sin^3\theta d\theta\end{aligned}$$

となる。そしてこの問題は、標準的な積分の計算へと移る。

$V_2(1) = \pi \times 1^2 = \pi$ に気をつけると、計算は次のように続く。

$$\begin{aligned}V_3(R) &= R^3 V_2(1) \int_0^\pi \sin\theta \sin^2\theta d\theta \\ &= R^3 V_2(1) \int_0^\pi \sin\theta(1-\cos^2\theta)\, d\theta \\ &= R^3 V_2(1) \int_0^\pi \sin\theta - \sin\theta\cos^2\theta d\theta \\ &= R^3 V_2(1) \left[-\cos\theta + \frac{1}{3}\cos^3\theta\right]_0^\pi \\ &= R^3 V_2(1) \left(\frac{2}{3} + \frac{2}{3}\right) = \frac{4}{3} R^3 V_2(1) = \frac{4}{3}\pi R^3\end{aligned}$$

嬉しいことに、ここで見慣れた形が出現した。このまま n 次元の超球の体積 $V_n(R)$ の一般式を見つけてゆくが、このとき $A(x)$ は $(n-1)$ 次元の超球の体積であることに気をつける。

先ほどと同じように計算すると

$$V_n(R) = \int_{x_1}^{x_2} V_{n-1}(x)\,dx$$
$$= \int_{-R}^{R} V_{n-1}(x)\,dx$$
$$= \int_{\pi}^{0} V_{n-1}(R\sin\theta) \times -R\sin\theta d\theta$$
$$= \int_{\pi}^{0} (R\sin\theta)^{n-1} V_{n-1}(1) \times -R\sin\theta d\theta$$
$$= V_{n-1}(1)\,R^n \int_{0}^{\pi} \sin^n\theta d\theta$$

となる。よって

$$V_n(R) = R^n V_n(1) = V_{n-1}(1)\,R^n \int_{0}^{\pi} \sin^n\theta d\theta$$

となり、次の結果が求まる。

$$V_n(1) = V_{n-1}(1) \int_{0}^{\pi} \sin^n\theta d\theta = V_{n-1}(1)\,I_n$$

ここで積分 I_n を含む $V_n(1)$ の漸化式が現れた。そこで $V_n(1)$ の具体的な公式を導き出すために、最初に I_n の具体的な公式を求め、それを使って $V_n(1)$ を求めてゆく。

　まずはじめに、部分積分を用いて I_n の漸化式を作り出すという標準的な戦略をとる。

$$I_n = \int_{0}^{\pi} \sin^n\theta d\theta = \int_{0}^{\pi} \sin\theta \times \sin^{n-1}\theta d\theta$$
$$= \left[-\cos\theta \times \sin^{n-1}\theta\right]_{0}^{\pi} + (n-1)\int_{0}^{\pi} \cos^2\theta \times \sin^{n-2}\theta d\theta$$
$$= (n-1)\int_{0}^{\pi} (1-\sin^2\theta) \times \sin^{n-2}\theta d\theta$$

$$= (n-1)\int_0^\pi \sin^{n-2}\theta - \sin^n\theta d\theta$$
$$= (n-1)I_{n-2} - (n-1)I_n$$

よって $I_n = ((n-1)/n)I_{n-2}$ となり、これより I_n の具体的な公式を見つけることができる。この公式は n が奇数か偶数かに依存する。n が偶数のときは次のようになる。

$$I_n = \frac{n-1}{n}I_{n-2} = \frac{n-1}{n}\frac{n-3}{n-2}I_{n-4}$$
$$= \frac{n-1}{n}\frac{n-3}{n-2}\frac{n-5}{n-4}I_{n-6}$$
$$= \frac{n-1}{n}\frac{n-3}{n-2}\frac{n-5}{n-4}\cdots\frac{3}{4}\frac{1}{2}I_0$$
$$= \frac{n-1}{n}\frac{n-3}{n-2}\frac{n-5}{n-4}\cdots\frac{3}{4}\frac{1}{2}\int_0^\pi 1 d\theta$$
$$= \frac{n-1}{n}\frac{n-3}{n-2}\frac{n-5}{n-4}\cdots\frac{3}{4}\frac{1}{2}\pi$$

n が奇数のときは次のようになる。

$$I_n = \frac{n-1}{n}I_{n-2} = \frac{n-1}{n}\frac{n-3}{n-2}I_{n-4}$$
$$= \frac{n-1}{n}\frac{n-3}{n-2}\frac{n-5}{n-4}I_{n-6}$$
$$= \frac{n-1}{n}\frac{n-3}{n-2}\frac{n-5}{n-4}\cdots\frac{4}{5}\frac{2}{3}I_1$$
$$= \frac{n-1}{n}\frac{n-3}{n-2}\frac{n-5}{n-4}\cdots\frac{4}{5}\frac{2}{3}\int_0^\pi \sin\theta d\theta$$
$$= \frac{n-1}{n}\frac{n-3}{n-2}\frac{n-5}{n-4}\cdots\frac{4}{5}\frac{2}{3}2$$

ではこれらを使って、n の偶奇性によらない I_n と I_{n-1} との関係を確立し

てゆこう。n が偶数のとき、$n-1$ は奇数となり、上の公式を使うと次の値が求まる。

$$I_n I_{n-1} = \frac{n-1}{n} \frac{n-3}{n-2} \frac{n-5}{n-4} \cdots \frac{3}{4} \frac{1}{2} \pi$$
$$\times \frac{n-2}{n-1} \frac{n-4}{n-3} \frac{n-6}{n-5} \cdots \frac{4}{5} \frac{2}{3} 2$$
$$= \frac{2\pi}{n}$$

n が奇数のとき、$n-1$ は偶数となり、同じように上の公式を使うと次の値が求まる。

$$I_n I_{n-1} = \frac{n-1}{n} \frac{n-3}{n-2} \frac{n-5}{n-4} \cdots \frac{4}{5} \frac{2}{3} 2$$
$$\times \frac{n-2}{n-1} \frac{n-4}{n-3} \frac{n-6}{n-5} \cdots \frac{3}{4} \frac{1}{2} \pi$$
$$= \frac{2\pi}{n}$$

よって、n の偶奇性に関係なく $I_n I_{n-1} = 2\pi/n$ となる。

ここで、前に求めた $V_n(1) = V_{n-1}(1) I_n$ の式に、もう一度この式を使うと

$$V_n(1) = V_{n-1}(1) I_n = (V_{n-2}(1) I_{n-1}) I_n = V_{n-2}(1) (I_{n-1} I_n)$$

となる。よって

$$V_n(1) = V_{n-2}(1) (I_{n-2} I_n) = \frac{2\pi}{n} V_{n-2}(1)$$

となる。これで $V_n(1)$ の簡単な漸化式が求まった。これをさらに計算してゆくと、先ほどと同じように、n が偶数か奇数かに依存する。計算すると

$$V_n(1) = \begin{cases} \dfrac{2\pi}{n} \dfrac{2\pi}{n-2} \dfrac{2\pi}{n-4} \cdots \dfrac{2\pi}{2} 1 & (n \text{ は偶数}) \\ \dfrac{2\pi}{n} \dfrac{2\pi}{n-2} \dfrac{2\pi}{n-4} \cdots \dfrac{2\pi}{3} 2 & (n \text{ は奇数}) \end{cases}$$

となる。当然これは

$$V_n(R) = R^n \begin{cases} \dfrac{2\pi}{n} \dfrac{2\pi}{n-2} \dfrac{2\pi}{n-4} \cdots \dfrac{2\pi}{2} 1 & (n \text{ は偶数}) \\ \dfrac{2\pi}{n} \dfrac{2\pi}{n-2} \dfrac{2\pi}{n-4} \cdots \dfrac{2\pi}{3} 2 & (n \text{ は奇数}) \end{cases}$$

を意味する。

　表12.1 は、n の小さな値に対する体積の一覧である。$n=5$ のとき、単位超球の体積が最大の $\frac{8}{15}\pi^2$ となる。また、n に対する $V_n(1)$ のグラフが図12.5 で示されている。この図より n が5を超えて増加するにつれ、単位超球の体積が奇妙にも減少していることがわかる。

連続超次元における体積

　図12.5 で描かれた点は、これらを連続曲線でつないでみたいと思わせるほど調和のとれたパターンである。しかし、そうすると超次元だけでなく、非整数の超次元を認めることになってしまう。この概念に取り組むには、まず $V_n(1)$ の式を次のように書き直す必要がある。

$$\begin{aligned} V_n(1) &= \begin{cases} \dfrac{2\pi}{n} \dfrac{2\pi}{n-2} \dfrac{2\pi}{n-4} \cdots \dfrac{2\pi}{2} 1 & (n \text{ は偶数}) \\ \dfrac{2\pi}{n} \dfrac{2\pi}{n-2} \dfrac{2\pi}{n-4} \cdots \dfrac{2\pi}{3} 2 & (n \text{ は奇数}) \end{cases} \\ &= \begin{cases} \dfrac{\pi}{\frac{1}{2}n} \dfrac{\pi}{\frac{1}{2}n-1} \dfrac{\pi}{\frac{1}{2}n-2} \cdots \dfrac{\pi}{1} 1 & (n \text{ は偶数}) \\ \dfrac{\pi}{\frac{1}{2}n} \dfrac{\pi}{\frac{1}{2}n-1} \dfrac{\pi}{\frac{1}{2}n-2} \cdots \dfrac{\pi}{\frac{3}{2}} 2 & (n \text{ は奇数}) \end{cases} \end{aligned}$$

超次元

n	$V_n(R)$	$V_n(1)$
2	πR^2	$\pi = 3.14159\cdots$
3	$\frac{4}{3}\pi R^3$	$\frac{4}{3}\pi = 4.18879\cdots$
4	$\frac{1}{2}\pi^2 R^4$	$\frac{1}{2}\pi^2 = 4.9348\cdots$
5	$\frac{8}{15}\pi^2 R^5$	$\frac{8}{15}\pi^2 = 5.2637\cdots$
6	$\frac{1}{6}\pi^3 R^6$	$\frac{1}{6}\pi^3 = 5.16771\cdots$
7	$\frac{16}{105}\pi^3 R^7$	$\frac{16}{105}\pi^3 = 4.72476\cdots$
8	$\frac{1}{24}\pi^4 R^8$	$\frac{1}{24}\pi^4 = 4.05871\cdots$

表 12.1 超球の体積

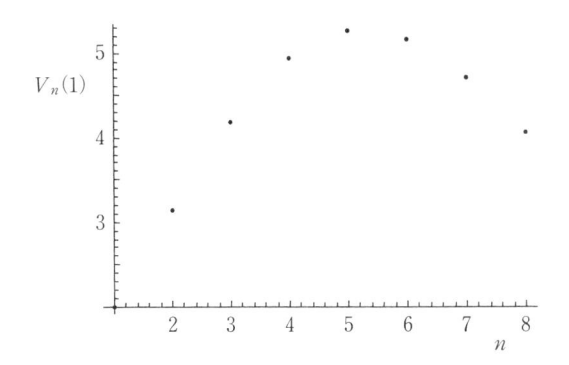

図 12.5 整数次元の単位超球の体積

nが偶数のとき、この式は次のように階乗を用いて書き表される。

$$V_n(1) = \frac{\pi^{n/2}}{(\frac{1}{2}n)!}$$

nが奇数のときには $(\frac{1}{2}n)!$ が定義されないが、その一般式はガンマ関数

$\Gamma(x)$ によって表される．この関数の定義は

$$\Gamma(x) = \int_0^\infty t^{x-1}\mathrm{e}^{-t}dt$$

と少し奇妙で，これは $x>0$ で定義され，2つの特殊な性質

$$\Gamma(1) = \int_0^\infty \mathrm{e}^{-t}dt = [-\mathrm{e}^{-t}]_0^\infty = 1$$

と

$$\Gamma(x+1) = \int_0^\infty t^x \mathrm{e}^{-t}dt = [-t^x\mathrm{e}^{-t}]_0^\infty + x\int_0^\infty t^{x-1}\mathrm{e}^{-t}dt = x\Gamma(x)$$

をもつ．これら2つの式は階乗関数の特徴をなしている．というのは，n が正の整数のとき

$$\begin{aligned}\Gamma(n) &= (n-1)\Gamma(n-1) = (n-1)(n-2)\Gamma(n-2)\\ &= (n-1)(n-2)(n-3)\Gamma(n-3)\\ &= (n-1)(n-2)(n-3)\cdots\Gamma(1) = (n-1)!\end{aligned}$$

となるからである．よってこの奇妙な関数 $\Gamma(x)$ は，正の整数 n に対して定義される階乗関数 $\Gamma(n) = (n-1)!$ を，すべての正の数 $x>0$ に拡張した関数となっている．実際

$$\Gamma(x) = \frac{1}{x}\Gamma(x+1)$$

として書き直すと，上記の関係を利用して，階乗の観念を負の整数以外のすべての数まで広げることができる．そして，定義を複素数に拡張することも非常に簡単である．しかしここでは，これらの興味深い内容は扱わない．

とくに次のことに注意する．もし標準的な結果

$$\int_0^\infty \mathrm{e}^{-u^2}du = \frac{\sqrt{\pi}}{2}$$

超次元 165

を認めると $\Gamma(\frac{1}{2}) = \sqrt{\pi}$ が得られる。なぜなら、定義

$$\Gamma(\tfrac{1}{2}) = \int_0^\infty t^{-1/2} \mathrm{e}^{-t}\, dt$$

に置換 $t = u^2$ を使うと、$dt/du = 2u$ より

$$\int_0^\infty t^{-1/2} \mathrm{e}^{-t}\, dt = \int_0^\infty u^{-1}\, \mathrm{e}^{-u^2}\, 2u\, du = 2\int_0^\infty \mathrm{e}^{-u^2}\, du$$

となり、これは

$$\Gamma\left(\frac{1}{2}\right) = 2\,\frac{\sqrt{\pi}}{2} = \sqrt{\pi}$$

を意味するからである。

n が偶数の場合、$V_n(1)$ の式はさらに書き換えられ

$$V_n(1) = \frac{\pi^{n/2}}{(\frac{1}{2}n)!} = \frac{\pi^{n/2}}{\Gamma(\frac{1}{2}n + 1)}$$

となる。これの非常によい点は、この記法によって2つの式が統一され、ガンマ関数の形が n の偶奇性に関係なく成り立つことを調べるのが容易になることだ。たとえば次のとおりである。

$$V_5(1) = \frac{\pi^{5/2}}{\Gamma(\frac{5}{2}+1)} = \frac{\pi^{5/2}}{\frac{5}{2}\Gamma(\frac{5}{2})} = \frac{\pi^{5/2}}{\frac{5}{2}\Gamma(\frac{3}{2}+1)} = \frac{\pi^{5/2}}{\frac{5}{2}\frac{3}{2}\Gamma(\frac{3}{2})}$$

$$= \frac{\pi^{5/2}}{\frac{5}{2}\frac{3}{2}\Gamma(\frac{1}{2}+1)} = \frac{\pi^{5/2}}{\frac{5}{2}\frac{3}{2}\frac{1}{2}\Gamma(\frac{1}{2})} = \frac{\pi^{5/2}}{\frac{5}{2}\frac{3}{2}\frac{1}{2}\sqrt{\pi}} = \frac{8}{15}\pi^2$$

図 12.6 は、図 12.5 を連続する形に表したグラフで、n が 20 まである。この図では $n=5$ の少し右側の部分で最大となることがはっきりとわかり、連続的な変数 n に関して

$$V_n(1) = \frac{\pi^{n/2}}{\Gamma(\frac{1}{2}n + 1)}$$

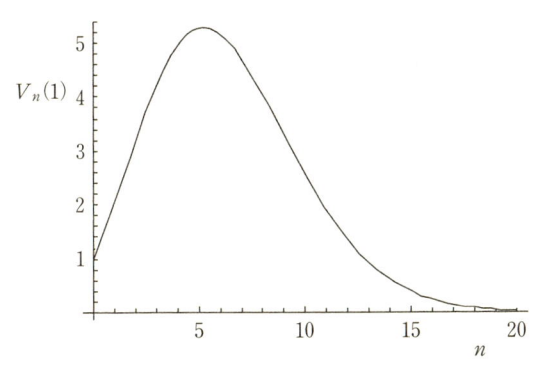

図 12.6 連続次元の単位超球の体積

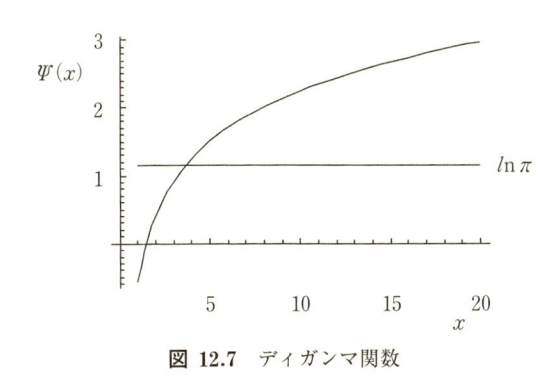

図 12.7 ディガンマ関数

が微分可能なら、その点の座標を微積分を使って求めることができる。

この分数の分子に $a^b = e^{b \ln a}$ という事実を使うと、式を以下のように書き換えることができる。

$$V_n(1) = \frac{\pi^{n/2}}{\Gamma(\frac{1}{2}n+1)} = \frac{e^{(n/2)\ln\pi}}{\Gamma(\frac{1}{2}n+1)}$$

分母のガンマ関数を微分する必要があるが、ここではその意味については詳しく調べず、たんにその導関数を慣習に従い $\Gamma'(x)$ と表す。ここで必要なのは

$$\Psi(x) = \frac{d}{dx}\ln\Gamma(x) = \frac{\Gamma'(x)}{\Gamma(x)}$$

と定義される、さらに奇妙なディガンマ関数 $\Psi(x)$ と、それを評価するための高性能の数学ソフトである。

標準的な連鎖律と商の法則を使って計算すると

$$\frac{dV_n(1)}{dn} = \frac{\Gamma(\frac{1}{2}n+1)\frac{1}{2}\ln\pi e^{(n/2)\ln\pi} - e^{(n/2)\ln\pi}\frac{1}{2}\Gamma'(\frac{1}{2}n+1)}{[\Gamma(\frac{1}{2}n+1)]^2}$$

$$= \frac{\Gamma(\frac{1}{2}n+1)\frac{1}{2}\ln\pi\pi^{n/2} - \pi^{n/2}\frac{1}{2}\Gamma'(\frac{1}{2}n+1)}{[\Gamma(\frac{1}{2}n+1)]^2}$$

となる。条件 $dV_n(1)/dn = 0$ は

$$\Gamma(\tfrac{1}{2}n+1)\tfrac{1}{2}\ln\pi\pi^{n/2} - \pi^{n/2}\tfrac{1}{2}\Gamma'(\tfrac{1}{2}n+1) = 0$$

を意味するので

$$\ln\pi - \frac{\Gamma'(\tfrac{1}{2}n+1)}{\Gamma(\tfrac{1}{2}n+1)} = 0 \quad \text{すなわち} \quad \Psi(\tfrac{1}{2}n+1) = \ln\pi$$

となる。

図 12.7 はディガンマ関数のグラフで、水平の直線が $\ln\pi$ のところで引かれている。$\frac{1}{2}n+1$ を見つけ、そこから n を求めるためにコンピュータを用いると、$n = 5.2569464\cdots$ となる。この値は単位超球が最大の体積をもつときの次元数であり、この値を体積の式に代入すると、その最大の体積の値は $5.277768\cdots$ となる。よって半径が1の超球は、$5.2569464\cdots$ 次元で最大の体積をもつことがわかった。

それでは、ちょうど5次元のときに最大の体積をもつには、その超球の半径の長さをどれだけにすればよいか？ あるいは、そのほかの整数次元のときに最大の体積をもつには、その超球の半径の長さをどれだけにすればよいか？ そこで前に行ったように一般形 $V_n(R)$ を n に関して微分し、これらの問題を解いてゆく。同様の計算をすると

$$V_n(R) = \frac{\pi^{n/2}}{\Gamma(\frac{1}{2}n+1)} R^n = \frac{(\pi R^2)^{n/2}}{\Gamma(\frac{1}{2}n+1)} = \frac{e^{(n/2)\ln(\pi R^2)}}{\Gamma(\frac{1}{2}n+1)}$$

$$\frac{dV_n(R)}{dn} = \frac{\Gamma(\frac{1}{2}n+1)\frac{1}{2}\ln(\pi R^2) e^{(n/2)\ln(\pi R^2)}}{[\Gamma(\frac{1}{2}n+1)]^2}$$

$$- \frac{e^{(n/2)\ln(\pi R^2)}\frac{1}{2}\Gamma'(\frac{1}{2}n+1)}{[\Gamma(\frac{1}{2}n+1)]^2}$$

$$= \frac{\Gamma(\frac{1}{2}n+1)\frac{1}{2}\ln(\pi R^2)(\pi R^2)^{n/2}}{[\Gamma(\frac{1}{2}n+1)]^2}$$

$$- \frac{(\pi R^2)^{n/2}\frac{1}{2}\Gamma'(\frac{1}{2}n+1)}{[\Gamma(\frac{1}{2}n+1)]^2}$$

となる。そして条件 $dV_n(R)/dn=0$ は

$$\Gamma(\tfrac{1}{2}n+1)\tfrac{1}{2}\ln(\pi R^2)(\pi R^2)^{n/2} - (\pi R^2)^{n/2}\tfrac{1}{2}\Gamma'(\tfrac{1}{2}n+1) = 0$$

を意味するので、これを計算すると

$$\Gamma(\tfrac{1}{2}n+1)\ln(\pi R^2) - \Gamma'(\tfrac{1}{2}n+1) = 0$$

となり

$$\ln(\pi R^2) - \frac{\Gamma'(\frac{1}{2}n+1)}{\Gamma(\frac{1}{2}n+1)} = 0$$

となる。これで、求める条件

$$\Psi(\tfrac{1}{2}n+1) = \ln(\pi R^2)$$

が得られた。

　表 12.2 は、各次元において最大の体積をもつときの超球の半径の長さを表したものである。たとえば、半径の長さが $0.696998\cdots$ の超球は、2 次元で最大の体積をもち、半径が $0.801888\cdots$ の超球は 3 次元で最大の体積をもつ。

n	R
2	$0.696998\cdots$
3	$0.801888\cdots$
4	$0.894963\cdots$
5	$0.979428\cdots$
6	$1.05727\cdots$
7	$1.12983\cdots$
8	$1.19805\cdots$
9	$1.26261\cdots$
10	$1.32405\cdots$

表 12.2 最大の体積に対する半径の長さ

体積の和

単位超球の体積について、もう少し掘り下げてみよう。それらの無限列の体積の和を詳しく調べると、超越数であるゲルフォント定数 e^π が現れる（長さの単位は無視する）。また

$$V_n(1) = \frac{\pi^{n/2}}{\Gamma(\frac{1}{2}n+1)} \to 0 \quad (n \to \infty)$$

より、$\sum_{n=1}^{\infty} V_n(1)$ の値が存在する可能性が少なくともあり、たくさんの項の有限和を評価すれば、その和が $44.999326089382855366\cdots$ であることをうまく見つけられそうである。

そこで、この $\sum_{n=1}^{\infty} V_n(1)$ の具体的な表示式を見つけるために、偶数次元と奇数次元とに分けて考える。

n が偶数のとき、$n=2,4,6,\cdots$ に対して $V_n(1) = \pi^{n/2}/(\frac{1}{2}n)!$ であることは先に述べた。よって $n=2m$ のとき $m=1,2,3,\cdots$ に対して $V_{2m}(1) = \pi^m/m!$ となる。これより

$$\sum_{n\text{ が偶数}} V_n(1) = \sum_{m=1}^{\infty} V_{2m}(1) = \sum_{m=1}^{\infty} \frac{\pi^m}{m!} = e^{\pi} - 1$$

となり、ゲルファント定数が現れた。

n が奇数のとき、事態はより複雑になる。現在のところ、$n=1, 3, 5, \cdots$ に対して $V_n(1) = \pi^{n/2}/\Gamma(\frac{1}{2}n+1)$ であることはわかっている。$n = 2m-1$ のとき、$m = 1, 2, 3, \cdots$ に対して $V_{2m-1}(1) = \pi^{m-1/2}/\Gamma(m+\frac{1}{2})$ となり、体積の合計は

$$\sum_{n\text{ が奇数}} V_n(1) = \sum_{m=1}^{\infty} V_{2m-1}(1) = \sum_{m=1}^{\infty} \frac{\pi^{m-1/2}}{\Gamma(m+\frac{1}{2})}$$

となる。これは非常に挑戦的な形である。

しかし、もうひとつの奇妙な関数である二重階乗 $N!!$ に結びつけることにより、その式からガンマ関数を消すことができる。その二重階乗は次のように定義される。

$$N!! = \begin{cases} N(N-2)\cdots 5 \times 3 \times 1 & (N(>0) \text{ は奇数}) \\ N(N-2)\cdots 6 \times 4 \times 2 & (N(>0) \text{ は偶数}) \\ 1 & (N = -1,\ 0) \end{cases}$$

ガンマ関数の標準的な性質を使うと、$\Gamma(m+\frac{1}{2}) = ((2m-1)!!/2^m)\sqrt{\pi}$ を無理なく求めることができる。そしてこれより

$$\sum_{n\text{ が奇数}} V_n(1) = \sum_{m=1}^{\infty} \frac{\pi^{m-1/2}}{\Gamma(m+\frac{1}{2})}$$
$$= \sum_{m=1}^{\infty} \frac{\pi^{m-1/2}}{\{((2m-1)!!/2^m)\sqrt{\pi}\}}$$
$$= \sum_{m=1}^{\infty} \frac{2^m \pi^{m-1}}{(2m-1)!!}$$

となる。ここで $(2m-1)!! = (2m)!/(2^m m!)$ は簡単に示すことができる。よって

$$\sum_{n\text{が奇数}} V_n(1) = \sum_{m=1}^{\infty} \frac{2^m \pi^{m-1}}{(2m-1)!!}$$
$$= \sum_{m=1}^{\infty} \frac{2^m \pi^{m-1}}{\{(2m)!/(2^m m!)\}}$$
$$= \sum_{m=1}^{\infty} \frac{2^{2m} \pi^{m-1} m!}{(2m)!}$$

となる。

　ここでより初等的な項で表された和が求まったが、奇数 n に対するこの級数が具体的な表示式であるかどうかは、まだ明白ではない。というのは、偶数 n の場合、これよりずっと単純な表示式をもっているからである。この級数を明確に書き表すと

$$2 + \frac{4}{3}\pi + \frac{8}{15}\pi^2 + \frac{16}{105}\pi^3 + \frac{52}{945}\pi^4 + \cdots$$

となるが、これらの係数に特別な規則があるようには見えず、そのことについて一般の数学の参考書をちょっと調べてみても何もわからない。ところが実際には、この級数は具体的な表示式をもっているのである。それをさぐるために、よく知られた数学のテクニックを使うことにしよう——つまり、楽観的な推測を行うのだ。n が偶数のとき、式に e^π が現れているので、奇数の場合もそうであろうと推測してみる。すると、そのもっとも理にかなった形は

$$\sum_{m=1}^{\infty} \frac{2^{2m}\pi^{m-1}m!}{(2m)!} = e^\pi S(\pi)$$

となるだろう。ここで $S(\pi)$ は π の無限級数である。この級数の形を見つけるためには、式を書き直す必要がある。そこで、係数の比較ができるよう先ほどの式を次のように展開する。

$$2 + \frac{4}{3}\pi + \frac{8}{15}\pi^2 + \frac{16}{105}\pi^3 + \frac{52}{945}\pi^4 + \cdots$$

$$= \left(1 + \pi + \frac{1}{2}\pi^2 + \frac{1}{6}\pi^3 + \frac{1}{24}\pi^4 + \cdots\right)$$
$$\times (a_0 + a_1\pi + a_2\pi^2 + a_3\pi^3 + a_4\pi^4 + \cdots)$$

これより、係数の数列 $a_0 = 1$、$a_1 = -\frac{2}{3}$、$a_2 = \frac{1}{5}$、$a_3 = -\frac{1}{21}$、$a_4 = \frac{1}{108}$ … が導かれ、$S(\pi)$ の級数は

$$S(\pi) = 2 - \frac{2}{3}\pi + \frac{1}{5}\pi^2 - \frac{1}{21}\pi^3 + \frac{1}{108}\pi^4 - \cdots$$

となる。今回の係数は少しは見込みがありそうだ。先ほどの数学の参考書を見直すと、おそらく次の級数の形をもつ誤差関数 $\mathrm{Erf}(x)$ を見つけられることだろう。

$$\mathrm{Erf}(x) = \frac{1}{\sqrt{\pi}}\left(2x - \frac{2}{3}x^3 + \frac{1}{5}x^5 - \frac{1}{21}x^7 + \frac{1}{108}x^9 - \cdots\right)$$

実際、これは

$$\mathrm{Erf}(x) = \frac{2}{\sqrt{\pi}}\int_0^x e^{-t^2}\,dt$$

により定義され、統計学の正規分布の理論から来ている。e^{-t^2} の級数展開を使って項別積分を行うと、この級数が現れる。$x = \sqrt{\pi}$ で評価すると、先ほどの級数が求まる。

$$\mathrm{Erf}(\sqrt{\pi})$$
$$= \frac{1}{\sqrt{\pi}}\left(2\sqrt{\pi} - \frac{2}{3}\sqrt{\pi}^3 + \frac{1}{5}\sqrt{\pi}^5 - \frac{1}{21}\sqrt{\pi}^7 + \frac{1}{108}\sqrt{\pi}^9 - \cdots\right)$$
$$= \left(2 - \frac{2}{3}\pi + \frac{1}{5}\pi^2 - \frac{1}{21}\pi^3 + \frac{1}{108}\pi^4 - \cdots\right)$$

よって $S(\pi)$ は $\mathrm{Erf}(\sqrt{\pi})$ であり

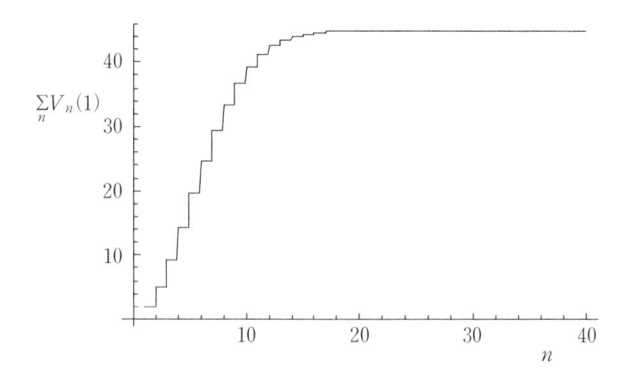

図 12.8 単位超立方体の累積体積

$$\sum_{n \text{ が奇数}} V_n(1) = \sum_{m=1}^{\infty} \frac{2^{2m}\pi^{m-1}m\,!}{(2m)\,!} = e^{\pi}\mathrm{Erf}(\sqrt{\pi})$$

となる。以上をまとめると

$$\sum_n V_n(1) = \begin{cases} e^{\pi}-1 & (n \text{ は偶数}) \\ e^{\pi}\,\mathrm{Erf}(\sqrt{\pi}) & (n \text{ は奇数}) \end{cases}$$

となる。したがって体積の和は

$$\sum_n V_n(1) = (e^{\pi}-1) + e^{\pi}\,\mathrm{Erf}(\sqrt{\pi}) = e^{\pi}(1+\mathrm{Erf}(\sqrt{\pi}))-1$$

となる。もちろん厳密に証明したわけではないが、上で見てきたことから、少なくとも正しい見込みが高いように思える。そして 44.999326089382855366⋯ に対するこの正確な表示式の評価により、それが正しいことがさらに確信でき、それほど余分な解析を必要としないことがわかる。

実際、累積和の連続するグラフ（図 12.8）から、その収束が 20 項までに完了していることが見てとれる。

超次元の表面積

体積が

$$V_n(R) = \frac{\pi^{n/2}}{\Gamma(\frac{1}{2}n+1)} R^n$$

である超球の表面積 $A_n(R)$ は、単純に R に関する上の式の導関数である。よって

$$A_n(R) = \frac{n\pi^{n/2}}{\Gamma(\frac{1}{2}n+1)} R^{n-1} = \frac{n\pi^{n/2}}{\frac{1}{2}n\Gamma(\frac{1}{2}n)} R^{n-1} = \frac{2\pi^{n/2}}{\Gamma(\frac{1}{2}n)} R^{n-1}$$

となる。とくに $R=1$ のときは

$$A_n(1) = \frac{2\pi^{n/2}}{\Gamma(\frac{1}{2}n)}$$

となる。

表 12.3 は、超曲面の面積の最初のいくつかの値の一覧で、$n=7$ のとき $A_n(1)$ が最大となる。図 12.9 は、n に対する $A_n(1)$ の連続するグラフを表している。このグラフより、超球の表面積が $n=7$ 近辺で最大となるということと、n が増加するにつれ 0 に近づくことがわかる。先に行ったような計算より、最大の $A_n(1)$ に対して、n が $\Psi(\frac{1}{2}n) = \ln\pi$ を満たす。これより、$n=7.25695\cdots$ のときに最大値をとり、その値は $33.1612\cdots$ となる。

体積のときと同様の議論を繰り返すことになるが、各整数次元で最大の表面積をもつ超球の半径 R を求めるためには、$A_n(R)$ に微積分を用いる。すると等式

$$\Psi\left(\frac{1}{2}n\right) = \ln(\pi R^2)$$

が出る。これを表したものが表 12.4 である。

これまでの内容をまとめると、単位超球は $5.2569464\cdots$ 次元空間で最大体

n	$A_n(R)$	$A_n(1)$
2	$2\pi R$	$2\pi = 6.28318\cdots$
3	$4\pi R^2$	$4\pi = 12.5663\cdots$
4	$2\pi^2 R^3$	$2\pi^2 = 19.7392\cdots$
5	$\dfrac{8}{3}\pi^2 R^4$	$\dfrac{8}{3}\pi^2 = 26.31894\cdots$
6	$\pi^3 R^5$	$\pi^3 = 31.00627\cdots$
7	$\dfrac{16}{15}\pi^3 R^6$	$\dfrac{16}{15}\pi^3 = 33.07336\cdots$
8	$\dfrac{1}{3}\pi^4 R^7$	$\dfrac{1}{3}\pi^4 = 32.4696\cdots$

表 12.3　超球の表面積

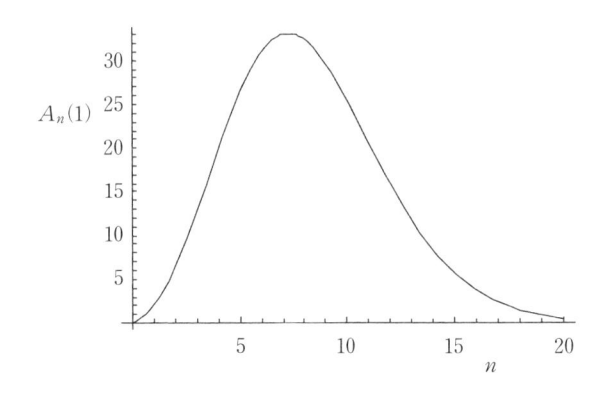

図 12.9　連続次元の単位超球の表面積

積 $5.277768\cdots$ をもち、$7.25695\cdots$ 次元空間で最大表面積 $33.1612\cdots$ をもつ。さらに、2 次元空間のとき体積が最大となる超球の半径は $0.696998\cdots$ で、最大の表面積をもつ超球の半径は $0.422751\cdots$ である。また 3 次元のとき、最大の体積をもつ超球の半径は $0.801888\cdots$ で、最大の表面積をもつ超球の半径は $0.574578\cdots$ である。

（前と同じようなテクニックを使うと、超球の表面積の和は、偶数次元に対して $2\sqrt{2\pi}\,\mathrm{e}^\pi$、奇数次元に対して $2(1+\pi \mathrm{e}^\pi \mathrm{Erf}(\sqrt{\pi}))$ と表されるので、

n	R
2	0.422751…
3	0.574578…
4	0.696998…
5	0.801888…
6	0.894963…
7	0.979428…
8	1.05727…
9	1.12983…
10	1.19805…

表 12.4 超球の体積の分布

これらの和を求めると

$$2\sqrt{2\pi}e^{\pi} + 2(1+\pi e^{\pi}\,\mathrm{Erf}(\sqrt{\pi}))$$
$$= 261.63525877247498453\cdots$$

となる。このグラフは図 12.8 と似たものとなり、その収束は 20 項までにほとんど完了している。)

体積の分布

ここまでの話はいったい何の役に立つのか？　こういった質問に対しては「どうだっていいじゃないか」と答えておけばよい。とは言うものの、多変数の標本理論に対する超空間の奇妙なふるまいには意味があるものもあり、さらにそのテクニックに依存する数多くの数学的アイデアが存在する。ここではそれらについて議論しないが、不思議なものをひとつ紹介しよう。

半径 R の n 次元の超球の体積は、もちろん

$$V_n(R) = \frac{\pi^{n/2}}{\Gamma(\frac{1}{2}n+1)}R^n$$

超次元　*177*

n	体積
2	36
3	49
4	59
5	67
10	89
20	99
30	100

表 12.5 超球の体積の分布

である。さてここで、こう質問をしよう。「この体積はどこにあるのか？」この漠然とした質問を、次のようなもう少し明確な質問に変えてみる。「どれくらいの体積が、超球の表面から 20% の距離にあるのか？」

この答えとして、いくつかの次元に対するその体積の割合を表 12.5 に示した。この表から、表面付近の体積がすぐに 100% に近づくことは明らかである。

一般に、半径 R の超球の表面に近い体積の量は、超球の体積と、半径が $R(1-\varepsilon)$ の超球の体積との差によって計算できる。ε は小さい値である（表 12.5 では $\varepsilon=0.2$）。この量を元の超球の体積と比べると、次の分数が求まる。

$$\frac{V_n(R) - V_n(R(1-\varepsilon))}{V_n(R)}$$
$$= \left(\frac{\pi^{n/2}}{\Gamma(\frac{1}{2}n+1)}R^n - \frac{\pi^{n/2}}{\Gamma(\frac{1}{2}n+1)}[R(1-\varepsilon)]^n\right) \Big/ \frac{\pi^{n/2}}{\Gamma(\frac{1}{2}n+1)}R^n$$
$$= 1 - (1-\varepsilon)^n \xrightarrow[n\to\infty]{} 1$$

極限が 1 であるということは、高次元超球の体積の大部分は、その表面近くの部分の体積であることを意味している。さらに、すべての R に対して

$$V_n(R) \xrightarrow[n\to\infty]{} 0$$

であるので、1辺の長さが$2R$のn次元の超立方体に超球を内接させれば、超立方体の体積の大半がその角に集中しているのがわかる。

　これまでの議論は、超次元の直観に反した性質のなかでも、特定の範囲に焦点を絞ったが、これを詳しく解説するとなると莫大なページが必要となる。この問題をさらに追求したい読者の方には、1961年にアメリカの数学者リチャード・ベルマンが造りだした用語、「次元の呪い」の研究をお勧めする。

Chapter 13　13日の金曜日

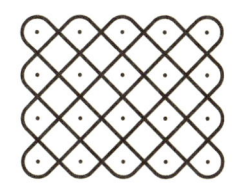

> 私は運の存在を強く信じている。そして努力すればするほど、運がついてくることを知っている。
>
> ——トーマス・ジェファーソン

タイムズ紙への一通の投書

「ロンドン・タイムズ」紙の投書欄の右下部分は、奇抜な投書や面白い投書がしばしば載る場所として知られている。1970年2月13日の金曜日には、次のような投書が掲載された。

拝啓
最近の幾人かの投稿者がそうでしたが、もし奇抜さというものがタイムズ紙に掲載されるひとつの基準であるならば、この13日の金曜日という二重に縁起の悪い日である今日、貴紙の読者のなかにもおられる迷信深い方々に対して、13日が金曜日となる確率は他の曜日よりも高いという事実を指摘することを、貴紙は喜んで許してくれることでしょう。一見したところ信じがたいこの暦(こよみ)の特質は、今年のカレンダーでは13日が金曜日となる機会は3回あることで例証されます。具体的には2月、3月、11月の13日が金曜日となり、その確率は25%です。一方、平均値は14%にすぎません。
このような大きな確率を見て、突然の恐怖と失望を感じたならば、新世紀の最初の日は金曜日には決してならないという事実によって、若干の

均衡の是正がはかられていることが、いくらか慰めになるかもしれません。ついでながら申し上げますと、さまざまな理由で、キリスト昇天の日もパンケーキ・デー（マルディグラ）も13日の金曜日になることはありません。

敬具

ケンブリッジ　セント・ジョーンズ大学
レイモンド・A・リトルトン

本章ではこの投書と、それに関連する事柄を取り上げる。

呪われた日にまつわる迷信

　13という数に対して不安になったり、恐怖を抱くことは「Triskaideka-phobia（13恐怖症）」と呼ばれてきた。なんとも発音しにくそうな言葉である。これはギリシャ語から作られており、Trisが「3」、kaiが「〜と」、dekaが「10」（これで13）、そしてphobiaが「恐怖」という意味である。この言葉は、1911年にI・H・コリアットが『変態心理』の中で使用して以来、世間でも使われるようになった。

　13が縁起の悪い数字であることを正当化する例は、数多く存在する。たとえば最後の晩餐に居合わせたのは13人だった。古代スカンディナビアの神話では、13の神が参加したバルハラでの宴会中にオーディンの息子バルドルが殺害され、それによって神々は失墜することになった。古代ギリシャの叙事詩人ヘシオドスは、『仕事と日』で、13日は種を撒くのには縁起が悪いが、植林には好ましいと述べている。また現実の出来事として、月着陸船アポロ13号の爆発事故がある。この事故が起きたのは、宇宙船が1970年4月11日アメリカ東部標準時間14：13：00（アメリカ中部標準時間13：13：00）にケネディー宇宙センターの第39（3×13）発射台から打ち上げられてから2日後のことだった（アポロ13号は無事に地球に帰還した）。その日はちょうど、リトルトン教授の投書が掲載された年の4月13日（月曜日）であった。

このような背景から、13 という数に対して異常な反応を示す 13 恐怖症という言葉が自然と生まれた。さらに似たようなところで、東アジアの国々には数字の 4 を恐れる「tetraphobia（4 恐怖症）」がある。これは、この数字の発音が「死」と同音であるためである。

リトルトン教授の投書では、13 日に金曜日を追加した「paraskevidekatriaphobia（13 日の金曜日恐怖症）」について言及しているため、さらに事態は深刻である。この 13 日の金曜日恐怖症は、同じくギリシャ語が語源であり、「金曜日」の paraskevi と「13」の dekatria が組み合わさっている。当然、言葉の終わりには phobia、すなわち「恐怖症」がつく。

金曜日が不吉だと言われる由縁は数多くある。たとえば、禁じられた果物をアダムに食べさせようとしたイブの誘惑、旧約聖書の中の大洪水、バベルの塔での言語の混乱の始まり、さらにソロモン神殿の破壊、キリストの死など、これらはすべて金曜日に起こったと伝えられている。

次のような話もある。18 世紀には、迷信深い船乗りたちは金曜日の航海を非常に恐れていた。そこでイギリス政府は、HMS フライデー号と名付けられた艦船をわざわざ造ることにより、彼らの恐怖を取り除こうとした。その船は、船長のジム・フライデーの指揮のもと 13 日の金曜日の朝に出港したが、二度と姿を見せることはなかった。

理由がなんであれ、西洋文化では「金曜日」と「13」は両方とも縁起が悪く、この組み合わせになると二重に縁起が悪い。さらに厄介なのは、それが私たちの頭にこびりついてしまっていることだ。高層ビルでは通常 13 階を抜かして 12 階、14 階と番号がつけられたり、船は金曜日を避けて出港したりと、その影響は私たちの生活にまで及んでいる。フランクリン・デラノ・ルーズベルトは 13 恐怖症に苦しんだと言われている。しかし彼とは対照的に、次の 1660 年 7 月 13 日の金曜日に書かれたサミュエル・ピープスの日記の最後の一行から判断すると、ピープスは 13 恐怖症や 13 日の金曜日恐怖症ではなかったことがわかる。

ここしばらくなかったほど心静かに床につく*1。

それではこれから、「13 日が金曜日となる確率は、他の曜日によりも高

m	1	2	3	4	5	6	7	8	9	10	11	12
e	0	3	2	5	0	3	5	1	4	6	2	4

表 13.1　各月 m に対する e の値

$c \bmod 4$	c	f
0	$16, 20, \cdots$	0
1	$17, 21, \cdots$	5
2	$18, 22, \cdots$	3
3	$19, 23, \cdots$	1

表 13.2　各世紀 c に対する f の値

い」という根拠を考えてゆこう。ここで使われるのは、数学者たちが考え出したとても奇妙な 2 つの初等的な公式だ。1 つ目の公式は、もっとも偉大なあの人物が作り出したものである。

ガウスの公式

　ガウスの公式は、与えられた日付から曜日を求める手法のひとつである。それが実際にどのようにして作られたのかを知りたい読者は、ベルント・シュヴェルトフェガー氏のインターネット上の論文を参照されるとよい[*2]。ここでは簡単にその内容を述べて、使用することにする。しかし、その前にいくつかの表記法を定めておく必要がある。

　まず変数 w は曜日を表すとする。たとえば $w=1$ に対応するのが月曜日、$w=2$ は火曜日というようにである。変数 d は日にちを表し、$d \in \{1, 2, 3, \cdots, 31\}$ となる。変数 m は 1 月から 12 月までの月を表し、$m \in \{1, 2, 3, \cdots, 12\}$ となる。変数 y は年を表し、4 桁の整数で表される。$c = \lfloor y/100 \rfloor$ は世紀を表す 2 桁の数字で、$g = y - 100c \in \{0, 1, 2, \cdots, 99\}$ はその世紀の年を表す。

変数 e は月の m に対応し、表 13.1 でその値が与えられている。変数 f は世紀 c に対応し、表 13.2 で表されている。

最後にもうひとつ規則がある。「$m=1$ または 2 のとき、c と g の計算では y が $y-1$ に置き換えられる」というものである。

これらの数学的魔力を使うと、グレゴリオ暦における日付から曜日を求めるガウスの公式は以下のようになる。

$$w = d + e + f + g + \lfloor \tfrac{1}{4} g \rfloor \mod 7$$

$\lfloor x \rfloor$ は床関数で、これは第 5 章で紹介したように、x に対して x 以下の整数を表す。

大がかりな計算

はじめに、13 日は他の曜日に比べて金曜日になりやすいという事実を証明するが、そのためには、グレゴリオ暦導入の背景を注意深く調べる必要がある。この暦の名称は、1582 年にこれを制定したローマ教皇グレゴリウス 13 世にちなんでつけられ、その年の 10 月 4 日の翌日を 10 月 15 日とすると定めた。グレゴリオ暦は、当時用いられていたユリウス暦——ユリウス・カエサルにちなんで名付けられた——を改良したものであるが、そのころまでにはユリウス暦における季節と実際の季節はかなりずれていた。

グレゴリオ暦では、4 年に 1 度「うるう年」が回ってくる。だがその規則では、100 で割り切れるが 400 では割り切れない年は、うるう年としていない。たとえば、2000 年は 400 で割り切れるのでうるう年であるが、2100 年は 100 で割り切れるが 400 では割り切れないので、そうではない。このことは、グレゴリオ暦がちょうど 400 年周期で繰り返すという重要な性質をもっていることを示している。グレゴリオ暦の 400 年の間には $100(3\times365+366)-3=146097$ 日が存在する。そして、146097 はちょうど 7 で割り切れるため、ピッタリ 20871 週あることになる。

よってこれらのデータをまとめるには、たんに 400 年の周期の中で 13 日に当たる各曜日の頻度を数えればよいことになる。これはガウスの曜日の公式を使ってコンピュータで求められ、その結果が表 13.3 で表されている。

	月	火	水	木	金	土	日	合計
1月	57	57	58	56	58	56	58	400
2月	58	56	58	57	57	58	56	400
3月	56	58	57	57	58	56	58	400
4月	58	56	58	56	58	57	57	400
5月	57	57	58	56	58	56	58	400
6月	58	56	58	57	57	58	56	400
7月	58	56	58	56	58	57	57	400
8月	58	57	57	58	56	58	56	400
9月	56	58	56	58	57	57	58	400
10月	57	58	56	58	56	58	57	400
11月	56	58	57	57	58	56	58	400
12月	56	58	56	58	57	57	58	400
合計	685	685	687	684	**688**	684	687	4800

表13.3　400年の周期の中で13日にあたる各曜日の頻度

　一番下の合計の欄を見ると、13日が金曜日となる回数は4800回のうち688回となり、水曜日や日曜日の場合よりも多いことがわかる。これでリトルトン教授の正当性が立証された。

残された謎

　リトルトン教授の投書の最後の段落には、「新世紀の最初の日は金曜日には決してならない」という言葉が記されている。この言葉の意味には注意が必要だ——というのも、2100年1月1日は金曜日となるからである。だがリトルトン教授は、0年という年が存在しないことを理由に、新世紀の最初の日は01となる年、たとえば2101年の1月1日になるという見方をしている。実のところ、そこからさらに「新世紀の最初の日は金曜日、水曜日、日曜日のいずれにもなり得ない」ということもわかる。
　これを確かめるために次のことを考慮する。まずは1月を調べたいので、

	通常の年		うるう年	
月	通日	mod 7	通日	mod 7
1月	13	6	13	6
2月	44	2	44	2
3月	72	2	73	3
4月	103	5	104	6
5月	133	0	134	1
6月	164	3	165	4
7月	194	5	195	6
8月	225	1	226	2
9月	256	4	257	5
10月	286	6	287	0
11月	317	2	318	3
12月	347	4	348	5

表13.4　各月の13に対応するその年の日数番目

$m=1$ となる。ここで $m=1$ または 2 のとき、y 年を $y-1$ 年と置き換えるという規則を用いる。すると、c と g の計算で最後の 2 桁が 00 となる年を扱うことになるので、$g=0$ となる。これらを用いて計算すると、$w=(1+0+f+0+0) \bmod 7 = (1+f) \bmod 7$ となる。この式の f に $\{0,1,3,5\}$ を順番に代入してゆくと（これら 4 つは f の可能な値である）、それぞれ次の等式が得られる。

$$w=1 \bmod 7, \quad w=2 \bmod 7, \quad w=4 \bmod 7, \quad w=6 \bmod 7$$

解はそれぞれ $w=1,2,4,6$ となり、新世紀の 1 月 1 日は月曜日、火曜日、木曜日、土曜日のみとなる。つまり、恐怖の金曜日や水曜日、日曜日は、このリストから除外されるのである。

リトルトン教授の投書は、1 年のうち 13 日が金曜日となる頻度にも触れている。それでは次に、この様子をもう少し詳しく見てゆくことにしよう。

うるう年ではない場合、1 月 1 日から 12 月 31 日までの日数は 365 日とな

り、各月の 13 日がその年の何日目であるか（通日）がわかる。たとえば、1月 13 日はその年の 13 日目で、2 月 13 日は 44 日目、3 月 13 日は 72 日目となる。ここで、これらの数を 7 を法として表すと、その年の 1 月 1 日の曜日がわかっていれば、各月の 13 日が何曜日になるのかを求めることができる。うるう年の場合も同様に求めることができ、表 13.4 はその結果をまとめたものである。

では、これを用いて金曜日との関係を調べてゆこう。うるう年でない年の 1 月 1 日を曜日別に考えたときの結果が、表 13.5 で示されている。この表の 2 列目と、表 13.4 の 7 を法とする列を照らし合わせることで、13 日が金曜日となる月がわかる。表 13.6 はうるう年の場合を表したものである。

この 2 つの表より、以下のことが推論できる。

- 毎年少なくとも 1 回は 13 日が金曜日となる。
- 1 年のうち、13 日が金曜日となる最大の数は 3 回である。その場合、13 日が金曜日となる月は、通常の年では 2 月、3 月、11 月で、うるう年では 1 月、4 月、7 月である。

リトルトン教授の投書が掲載された 1970 年は、うるう年ではない。そして彼が述べたように、13 日が金曜日となる月は 3 回ある。表 13.5 と表 13.6 の一番右側の列から考えると、1 年のうちに 13 日が金曜日となる平均の数は、単純に 1/7 または 14% となる。うるう年でない場合、計算は以下となる。

$$\left(\frac{1}{7}\times\frac{2}{12}\right)+\left(\frac{1}{7}\times\frac{2}{12}\right)+\left(\frac{1}{7}\times\frac{2}{12}\right)+\left(\frac{1}{7}\times\frac{1}{12}\right)+\left(\frac{1}{7}\times\frac{3}{12}\right)+\left(\frac{1}{7}\times\frac{1}{12}\right)+\left(\frac{1}{7}\times\frac{1}{12}\right)$$
$$=\frac{1}{7}\times\frac{12}{12}=\frac{1}{7}$$

- 13 日が金曜日となる月が連続する可能性は、2 月と 3 月のみである。これはうるう年では起こらない。この先これが起こる年は、2009、2015、2026 年である。

投書の最後にある「キリスト昇天の日もパンケーキ・デーも 13 日の金曜日になることはありません」という文章も、奇妙な内容である。ここで 2 つ

1月1日の曜日	金曜日は7を法とする	13日の金曜日にあたる月
日曜日	6	1月、10月
月曜日	5	4月、7月
火曜日	4	9月、12月
水曜日	3	6月
木曜日	2	2月、3月、11月
金曜日	1	8月
土曜日	0	5月

表 13.5 うるう年のない年に対する制限

1月1日の曜日	金曜日は7を法とする	13日の金曜日にあたる月
日曜日	6	1月、4月、7月
月曜日	5	9月、12月
火曜日	4	6月
水曜日	3	3月、11月
木曜日	2	2月、8月
金曜日	1	5月
土曜日	0	10月

表 13.6 うるう年のある年に対する制限

目の難解なアルゴリズムに挑戦してみよう。そのアルゴリズムとは、ある特定の年における復活祭(イースター・サンデー)の日付を計算するというものである。

　復活祭は、春分(3月21日ごろ)のあとの最初の満月の次の日曜日にあたる。この計算が多少複雑であることには若干驚かされるが、ガウスがこの計算のアルゴリズムを考え出したことは、まったく驚くことではない。とはいうものの、彼の方法は、考慮せざるを得ない例外が存在するという点で少し洗練に欠けている。そこで、そのような例外が存在しないものを利用することにする。そのアルゴリズムは、19世紀の初頭、フランスの数学者かつ天

文学者で、ガウスと同時期の人物ジャン＝バティスト・ジョゼフ・ドランブルが最初に作り出したようだ。これは 1583 年以降のすべてのグレゴリオ暦に対して適用できる。

表 13.7 の左側の列はそのアルゴリズムを示し、右側の列は 2005 年における各値が求められている（各月は 1 月から 12 月まで、それぞれ 1〜12 の数字で表される）。

これらの計算より、2005 年の復活祭は 3 月 27 日となることがわかり、実際にその日が復活祭である。また、復活祭は必ず 3 月 22 日から 4 月 25 日までの 35 日間のいずれかの日曜日となるが、この計算を用いて、これも示すことができる。

それではキリスト昇天の日は何曜日になるだろう。マルコの福音書の 16：19、ルカの福音書 24：51、使徒行伝 1：2 によると、キリストの昇天を記念する日は復活祭から 40 日後である。しかし曜日を計算しなくても、その日が金曜日ではないことがわかる。キリスト昇天の日の別名は、聖木曜日（洗足木曜日とは異なる）であるからだ。

それではパンケーキ・デーはどうか？ パンケーキ・デーは、四旬節の始まる前日の英語での呼び名で、四旬節とは復活祭の前の 47 日間のことである。ここでも四旬節の始まりの日とパンケーキ・デーの曜日を計算する必要はない。というのは、四旬節は灰の水曜日に始まり、その前の日がパンケーキ・デー（またの呼び名を告解の火曜日という）となるからだ。

ここでこれらに関連する迷信をいくつか紹介しよう。キリスト昇天の日に産まれた卵は決して腐らず、それを屋根の上に置いておくと、その家庭に幸運が訪れると言われている。イギリスのある地域では、その年のニワトリたちの繁殖を願って、パンケーキ・デーに作られた最初のパンケーキはニワトリにあげることになっている。

もしかすると読者の方々は、復活祭のような不規則な休日を求めることよりも、今日が何曜日であるかを知ることのほうに興味があるかもしれない。そこで、この章を終えるにあたって、倹約精神を発揮し、古いカレンダーを再利用できる 1901 年から 2099 年までの表を作っておくことにする。表 13.8 は X 年に対する情報をまとめたもので、X はうるう年から数えた年数で表されている。

アルゴリズム	$Y = 2005$
$a = Y \bmod 19$	$a = 2005 \bmod 19 = 10$
$b = \left\lfloor \dfrac{Y}{100} \right\rfloor$	$b = \left\lfloor \dfrac{2005}{100} \right\rfloor = 20$
$c = Y \bmod 100$	$c = 2005 \bmod 100 = 5$
$d = \left\lfloor \dfrac{b}{4} \right\rfloor$	$d = \left\lfloor \dfrac{20}{4} \right\rfloor = 5$
$e = b \bmod 4$	$e = 20 \bmod 4 = 0$
$f = \left\lfloor \dfrac{b+8}{25} \right\rfloor$	$f = \left\lfloor \dfrac{20+8}{25} \right\rfloor = 1$
$g = \left\lfloor \dfrac{b-f+1}{3} \right\rfloor$	$g = \left\lfloor \dfrac{20-1+1}{3} \right\rfloor = 6$
$h = (19a + b - d - g + 15) \bmod 30$	$h = (19 \times 10 + 20 - 5 - 6 + 15) \bmod 30 = 4$
$i = \left\lfloor \dfrac{c}{4} \right\rfloor$	$i = \left\lfloor \dfrac{5}{4} \right\rfloor = 1$
$k = c \bmod 4$	$k = 5 \bmod 4 = 1$
$l = (32 + 2e + 2i - h - k) \bmod 7$	$l = (32 + 2 \times 0 + 2 \times 1 - 4 - 1) \bmod 7 = 1$
$m = \left\lfloor \dfrac{a + 11h + 22l}{451} \right\rfloor$	$m = \left\lfloor \dfrac{10 + 11 \times 4 + 22 \times 1}{451} \right\rfloor = 0$
月 $= \left\lfloor \dfrac{h + l - 7m + 114}{31} \right\rfloor$	月 $= \left\lfloor \dfrac{4 + 1 - 7 \times 0 + 114}{31} \right\rfloor = 3$
日 $= (h + l - 7m + 114) \bmod 31 + 1$	日 $= (4 + 1 - 7 \times 0 + 114) \bmod 31 + 1 = 27$

表 13.7　ドランブルの公式のテスト

うるう年後の年	カレンダーの再利用
0	$X + 28$
1	$X + 6,\ X + 17,\ X + 28$
2	$X + 11,\ X + 17,\ X + 28$
3	$X + 11,\ X + 22,\ X + 28$

表 13.8　カレンダーの再利用

$X+28$ という式が 4 つの行すべてに現れることに注意しよう。そこから、28 年周期でカレンダーを使用できることがわかる。

さらに復活祭が同じ日になる年も見つけ出すこともできる。たとえば、1981 年と 1987 年のカレンダーは、復活祭の日を含め、まったく同じである。だが 1940 年のカレンダーは 5280 年まで使われることはない。

Chapter 14 FRACTRAN

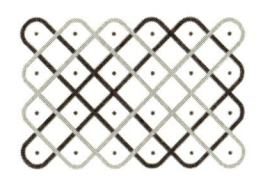

> 物事はできる限り単純化されるべきであるが、単純すぎてもいけない。
> ——アルベルト・アインシュタイン

神秘的な算術

　第6章では、ジョン・コンウェイの創意に満ちた豊かな精神から生まれた、ひとつのアイデアを見た。本章では彼の2つ目のアイデアについて考えるが、それはリチャード・ガイとの共著『数の本』の中で、コンウェイが「14個の不思議な分数」と呼んだものである。このアイデアはそもそも、1987年に出版された『コミュニケーションおよびコンピューテーションにおける未解決問題』[*1]の第2章に収められたコンウェイの論文[*2]で取り上げられたものである。その構造に関する論文は数多くあるが、本章では「マセマティクス・マガジン」誌に掲載されたリチャード・ガイの論文[*3]を用いることにした。

　問題となる14個の分数は、任意に並べられた集まりのように思える（見やすくするために、各分数にアルファベットをふった）。

$$\left\{ \begin{array}{cccccccccccccc} \frac{17}{91} & \frac{78}{85} & \frac{19}{51} & \frac{23}{38} & \frac{29}{33} & \frac{77}{29} & \frac{95}{23} & \frac{77}{19} & \frac{1}{17} & \frac{11}{13} & \frac{13}{11} & \frac{15}{14} & \frac{15}{2} & \frac{55}{1} \\ A & B & C & D & E & F & G & H & I & J & K & L & M & N \end{array} \right\}$$

　これからこの任意に見える分数を使って、任意に見えるゲームをプレーする。まず整数の2をAから順番に各分数に掛けてゆき、新しい整数が出

まで続ける。すると分数 M で 15 という新しい整数が出現する。そこで今度は、この新しい整数(15)を使って A からの工程を繰り返し、同じように整数が出るまでこれを続ける（この場合、N で 825 という値が出る）。これを永遠に繰り返してゆき、途中で 2 の累乗の値が出たら、そのたびごとに書き留めてゆく。この段階では、この先に 2 の累乗が出現するかどうかはまったくわからない。しかし実際には無限個の 2 の累乗が出現し、それらの累乗は非常に重要な正の整数の数列を形づくる。ではここで、これまでの話をまとめて、この不透明な工程から生じる第一の結果を見てゆくことにしよう。次のリストは、出現した整数と、その次の整数を作り出す分数に対応するアルファベットの組を表したものである。

(2, M)　　(15, N)　　(825, E)　　(725, F)　　(1925, K)
(2275, A)　(425, B)　　(390, J)　　(330, E)　　(290, F)
(770, K)　　(910, A)　　(170, B)　　(156, J)　　(132, E)
(116, F)　　(308, K)　　(364, A)　　(68, I)　　(4, M)

このリストから、最初の 2 の累乗 4 が 19 ステップ目で出現するのがわかる。これだけの量なら計算機で簡単に確かめることができるが、永遠に続くこの工程を調べるにはコンピュータプログラムが必要となってくる。そこでコンピュータを用いると、次に現れる 2 の累乗は 69 ステップ目の 8 であり、その次は 281 ステップ目の 32 であることがわかる。図 14.1 は、この興味深い結果をまとめたもので、281 ステップまでの整数のリストが載っている。

明かされた謎

この工程には何が隠されているのか？　工程を繰り返し行うと、2 の累乗のリスト

4，8，32，128，2048，8192，131072，…

が作られる。これはまた、指数を用いて $2^2, 2^3, 2^5, 2^7, 2^{11}, 2^{13}, 2^{17}, \cdots$ と表すこともできる。これらの累乗の指数は順番に並んだ素数にほかならない――驚くべきことに、この工程は素数を生成する手法で、これですべての素数を順

2, 15, 825, 725, 1925, 2275, 425, 390, 330, 290, 770, 910, 170, 156, 132, 116, 308, 364, 68, **4**, 30, 225, 12375, 10875, 28875, 25375, 67375, 79625, 14875, 13650, 2550, 2340, 1980, 1740, 4620, 4060, 10780, 12740, 2380, 2184, 408, 152, 92, 380, 230, 950, 575, 2375, 9625, 11375, 2125, 1950, 1650, 1450, 3850, 4550, 850, 780, 660, 580, 1540, 1820, 340, 312, 264, 232, 616, 728, 136, **8**, 60, 450, 3375, 185625, 163125, 433125, 380625, 1010625, 888125, 2358125, 2786875, 520625, 477750, 89250, 81900, 15300, 14040, 11880, 10440, 27720, 24360, 64680, 56840, 150920, 178360, 33320, 30576, 5712, 2128, 1288, 5320, 3220, 13300, 8050, 33250, 20125, 83125, 336875, 398125, 74375, 68250, 12750, 11700, 9900, 8700, 23100, 20300, 53900, 63700, 11900, 10920, 2040, 1872, 1584, 1392, 3696, 3248, 8624, 10192, 1904, 112, 840, 6300, 47250, 354375, 50625, 2784375, 2446875, 6496875, 5709375, 15159375, 13321875, 35371875, 31084375, 82534375, 97540625, 18221875, 16721250, 3123750, 2866500, 535500, 491400, 91800, 84240, 71280, 62640, 166320, 146160, 388080, 341040, 905520, 795760, 2112880, 2497040, 466480, 428064, 79968, 29792, 18032, 74480, 45080, 186200, 112700, 465500, 281750, 1163750, 704375, 2909375, 11790625, 13934375, 2603125, 2388750, 446250, 409500, 76500, 70200, 59400, 52200, 138600, 121800, 323400, 284200, 754600, 891800, 166600, 152880, 28560, 26208, 4896, 1824, 1104, 4560, 2760, 11400, 6900, 28500, 17250, 71250, 43125, 178125, 721875, 634375, 1684375, 1990625, 371875, 341250, 63750, 58500, 49500, 43500, 115500, 101500, 269500, 318500, 59500, 54600, 10200, 9360, 7920, 6960, 18480, 16240, 43120, 50960, 9520, 8736, 1632, 608, 368, 1520, 920, 3800, 2300, 9500, 5750, 23750, 14375, 59375, 240625, 284375, 53125, 48750, 41250, 36250, 96250, 113750, 21250, 19500, 16500, 14500, 38500, 45500, 8500, 7800, 6600, 5800, 15400, 18200, 3400, 3120, 2640, 2320, 6160, 7280, 1360, 1248, 1056, 928, 2464, 2912, 544, **32**

図 14.1　32 までの数列

番に生成することができるのである。コンウェイはこの工程を
PRIMEGAME（プライムゲーム）と名付けた。

　素数の生成は紛れもないプログラミングの問題であり、したがって原理的には単純な計算問題である。しかし、普通はプログラミング言語がすることを、このちょっとした算術的なトリックで、どうしてやりとげることができるのだろうか？　実は、これは擬装のプログラミング言語なのである。

　これを説明するのに、より一般的な工程を組み立ててみる。

(1) 順番に並んだ分数のリストと、最初の整数 N を決める。
(2) 出現した整数(初期値は N) に、リストの中の分数を最初から順番に掛け、その積が整数となった場合、それを新しい整数としてこの操作を続ける。
(3) 積が整数を生成しなくなるまでステップ(2)を繰り返す。つまり、積が整数を生成しなくなったときに工程は終了し、そうでなければステップ(2)を繰り返す。

　たとえば分数のリストに1つの分数 $\{\frac{5}{6}\}$ があり、最初の整数を $N=648$ とする。この再循環の工程は、図14.2のようにループを用いて表したり、あるいは次のような擬似プログラムの記述により表したりすることができる。

$$1 行目： \quad \frac{5}{6} \to 1$$

　この記述は、「インプットに $\frac{5}{6}$ を掛け、その積が整数である間は、その整数(新しいインプット)に $\frac{5}{6}$ を掛ける。つまり整数である間は1行目の工程を繰り返す」という意味である。

　この分数とインプットの組はランダムに見えるが、分数が出現するまでにループをちょうど3回まわり、その工程は $N=375=(\frac{5}{6})^3 \times 648$ で終了する。なぜだろうか？

　実を言えば、$\frac{5}{6}$ と $N=648$ はランダムに選んだわけではない。$\frac{5}{6} = \frac{5}{2 \times 3}$ ということと、$N=648=2^3 \times 3^4$ が、負でない整数 m と n に対して $N=2^n \times 3^m$ の形をしていることが重要なのである。$\frac{5}{6}$ の素因数分解は、掛け算をす

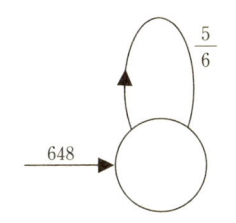

図 14.2 $\left\{\dfrac{5}{6}\right\}$ に対応するループ

るたびに、N の式中の 2 と 3 の累乗の指数が 1 ずつ減少し、5 の累乗の指数が 1 ずつ増えることを意味している。そして積が整数である間はこれが繰り返され、最後の整数は $375 = 3 \times 5^3$ となる。

N の式中の 2、3、5 の累乗の指数の値を、それぞれ動的なレジスタ r_2、r_3、r_5 に置き換えて考えると、$r_2 = n$、$r_3 = m$、$r_5 = 0$ から始めた場合、$r_2 = 0$ または $r_3 = 0$、かつ $r_5 = \min(m, n)$ で終了する。つまり、このレジスタ 5 の中身は 2 つの整数 m と n の最小値で終了する。この工程はまさに、2 つの負でない整数の最小値を見つけ出す方法のひとつである。これを実際に典型的なプログラミング言語で表すと、次のようになる。

$r_2 := n;$ $r_3 := m;$ $r_5 := 0;$
While $(r_2 > 0$ **and** $r_3 > 0)$ **do**
 Begin
 $r_2 := r_2 - 1;$ $r_3 := r_3 - 1;$ $r_5 := r_5 + 1;$
 End;
Print r_5; 'は' m と n 'の最小値である'

この単純な工程が従来のプログラムのアルゴリズムと同値であることがわかる。

次に図 14.3 で示すように、同じインプット $N = 2^n \times 3^m$ に対して、分数を $\dfrac{10}{3} = \dfrac{2 \times 5}{3}$ に変える。そしてこの工程では、$r_3 = 0$ となるまで r_2 と r_5 にそれぞれ 1 を加え、r_3 から 1 を引くという作業を行う。すると最終的には $r_2 = m + n$、$r_5 = m$ となり、レジスタ 2 には m と n の和が含まれる。つまりこ

FRACTRAN

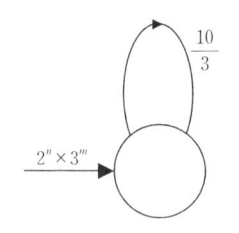

図 14.3 $\left\{\dfrac{10}{3}\right\}$ に対応するループ

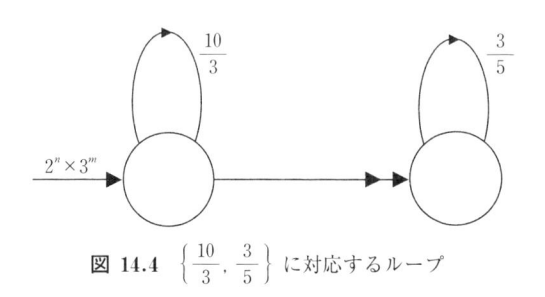

図 14.4 $\left\{\dfrac{10}{3}, \dfrac{3}{5}\right\}$ に対応するループ

の工程は加算機と同様で、コードは以下となる。

$r_2 := n$; $r_3 := m$; $r_5 := 0$;
While $r_3 > 0$ **do**
　　Begin
　　$r_2 := r_2 + 1$; $r_3 := r_3 - 1$; $r_5 := r_5 + 1$
　　End ;
Print r_2 ; 'は' m と n 'の和である'

インプットを $N = 2^n \times 3^m$ としてこのプログラムを用いると、最後には $2^{m+n} \times 5^m$ がアウトプットとして得られる。さらに、この $N = 2^{m+n} \times 5^m$ が出た後に2番目の分数 $\dfrac{3}{5}$ を導入することによって、2の累乗と3の累乗の積ができ、分数のリスト $\left\{\dfrac{10}{3}, \dfrac{3}{5}\right\}$ を作ることができる。図 14.4 がそれを表したもので、このとき一重の矢印のルートは二重の矢印のルートに優先する。

この場合の擬似コードは次のようになる。

1行目： $\frac{10}{3} \to 1$,　　$\frac{1}{1} \to 2$

2行目： $\frac{3}{5} \to 2$

　ここで1行目を次のようなループとして解釈する。「積が整数である間はインプットに $\frac{10}{3}$ を掛け、積が整数にならなかったときには $1 = \frac{1}{1}$ を掛けて2行目に移る」。2行目は「非整数になるまでインプットに $\frac{3}{5}$ を掛け、非整数になったところでその工程を終了する」ことを意味している。

　2行目に移ると、前で行ったように和の工程が施され、最終的には r_5 は空になり、r_3 は埋まった状態となる。つまりそれらのレジスタは $r_2 = m + n$、$r_3 = m$、$r_5 = 0$ となる。これは r_3 の情報を破壊せず、r_5 を稼動するレジスタとして使うという、より美しい構造をもっている。

　分数のリストを使って足し算ができるのはわかったが、それでは掛け算はどうなのか？

　以下のコードを考えてみよう。

```
r₂:= a ;   r₃:= b ;   r₇:= c ;
While r₇>0 do
    Begin
    While r₃>0 do
        Begin
        r₂:= r₂+1 ;   r₃:= r₃−1 ;
        End ;
    r₃:= b ;   r₇:= r₇−1 ;
    End ;
Print r₂ ; 'は' a+bc ;
```

　このプログラムは、正の整数に対する単純な掛け算のアルゴリズムであり、図14.5を用いてシミュレートすることができる。この図は、分数 $\frac{1}{7}$ によって制御されるもうひとつのループを図14.4に加えたものだ。

　擬似コードは前で述べた規則によって

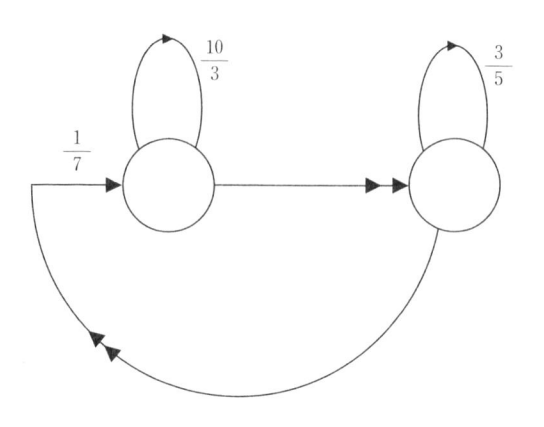

図 14.5 掛け算のループ

1 行目： $\frac{1}{7} \to 2$
2 行目： $\frac{10}{3} \to 2,\ \frac{1}{1} \to 3$
3 行目： $\frac{3}{5} \to 3,\ \frac{1}{1} \to 1$

と表される。

次の行にジャンプさせるのに $\frac{1}{1}$ の分数が使われていることに注意しよう。

$r_2 = a$、$r_3 = b$、$r_5 = 0$、$r_7 = c$ で始め、整数を $N = 2^a \times 3^b \times 7^c$ とする。すると、最初のサイクルが一通り終了した時点で r_2 には b が加えられた状態となり、そのまま r_7 をカウンタとして使うと、最終的に $r_2 = a+bc$、$r_3 = b$、$r_5 = 0$、$r_7 = 0$ となる。とくに $a = 0$ の場合、インプットを $N = 3^n \times 7^c$ とすると、アウトプットとして $N = 2^{cn} 3^n$ が出る。これで実際に掛け算が遂行されたことになる。

FRACTRAN

この掛け算のコードから、それと同値の分数のリストはどのようにして作られるのか？ ここでひとつ問題がある。この規則では、3 行目から 1 行目に戻るときに $\frac{1}{7}$ を使って繰り返し評価するため、この $\frac{1}{7}$ を通常の小さなループとして見なすことができないのだ。そこで、分数のリストを作るため

に、擬似コードをさらに慎重に調べる必要が出てくる。コンウェイはこの擬似コードに Fractran プログラミング言語という名前をつけた。

彼はこの Fractran 言語を番号付けされた行の集まりとして定義し、それぞれが次のような形をもつとしている。

$$n 行目: \quad \frac{p_1}{q_1} \to n_1, \quad \frac{p_2}{q_2} \to n_2, \quad \cdots, \quad \frac{p_r}{q_r} \to n_r$$

ここで $n, n_1, n_2, \cdots, n_r$ は正の整数の行番号で

$$\frac{p_1}{q_1}, \quad \frac{p_2}{q_2}, \quad \cdots, \quad \frac{p_r}{q_r}$$

は分数である。Fractran マシンでは、正の整数 N をもっとも小さい番号の行に入力し、積 $p_i/q_i \times N$ が整数のときには、その整数を最小の i に対する $p_i/q_i \times N$ に置き換え、n_i 行目に移る。もしどの積も整数でなければ、その工程は終了する。

たとえば10行目：$\frac{2}{5} \to 15, \; \frac{3}{7} \to 20$ では、インプットに $\frac{2}{5}$ を掛け、その積が整数になればプログラムの流れは15行目に移る。整数にならない場合はインプットに $\frac{3}{7}$ を掛け、その積が整数ならばプログラムの流れは20行目に移る。もしこの積も整数でなければ、工程は終了する。

次に分数のリストを調べよう。一般に、分数のリスト

$$\left\{ \frac{p_1}{q_1}, \quad \frac{p_2}{q_2}, \quad \cdots, \quad \frac{p_r}{q_r} \right\}$$

は、次の r 行のプログラムと同値の Fractran をもつ。

$$1 行目: \quad \frac{p_1}{q_1} \to 1, \quad \frac{1}{1} \to 2$$

$$2 行目: \quad \frac{p_2}{q_2} \to 2, \quad \frac{1}{1} \to 3$$

$$\vdots$$

$$r 行目: \quad \frac{p_r}{q_r} \to r$$

これは、コンウェイが Fractran-r と呼ぶプログラムの一例である。

これを次の Fractran-1 のプログラムとして、さらに簡潔に表すことができる。

$$1\text{ 行目：}\quad \frac{p_1}{q_1} \to 1,\ \frac{p_2}{q_2} \to 1,\ \cdots,\ \frac{p_r}{q_r} \to 1$$

そこで、掛け算のプログラムを分数のリストとして表すことができるかという先の質問を、Fractran-3 を Fractran-1 として表すことができるかという質問に言い換えてみる。実際コンウェイの論文は、任意の Fractran-r が Fractran-1 によってシミュレートされる方法を明示しており、ひいては分数のリストが作れることも示している。そこでは素数の因数分解は一意的であるという性質（素因数分解一意性の定理）が使われている。

(1) すべてのループのプログラムを消す。
(2) 図中の結節点に、それまでに出てきた分数の分子と分母に現れたどの素数よりも大きい、異なる素数 $P, Q, R, \cdots$ を順番にラベル付けする。これらの素数を新しい行番号とする。
(3) $\quad P \text{ 行目：} \dfrac{p_1}{q_1} \to Q,\ \dfrac{p_2}{q_2} \to R,\ \cdots \text{ は} \left\{ \dfrac{p_1 Q}{q_1 P},\ \dfrac{p_2 R}{q_2 P},\ \cdots \right\} \text{へ}$

となるスキームを用いて、1 つの行の中身を順番に移し替えて、1 つの分数のリストを作る。
(4) 正しい順番に分数のリストを並べてゆく。

コンウェイはまず、掛け算の図 14.5 を図 14.6 へと作り直した。
次に各素数を対応させて行番号を書き直し、Fractran プログラムを作る。

$$\begin{aligned}
&11 \text{ 行目：} && \tfrac{1}{7} \to 13 \\
&13 \text{ 行目：} && \tfrac{10}{3} \to 17,\ \tfrac{1}{1} \to 19 \\
&17 \text{ 行目：} && \tfrac{1}{1} \to 13 \\
&19 \text{ 行目：} && \tfrac{3}{5} \to 23,\ \tfrac{1}{1} \to 11
\end{aligned}$$

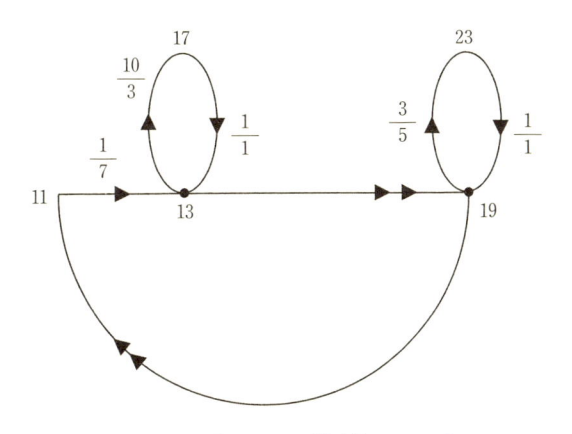

図 14.6 修正された掛け算のループ

23 行目： $\frac{1}{1} \to 19$

そしてアルゴリズムを使って次の分数のリストを作り出す。

$$\left\{ \frac{13}{77}, \frac{170}{39}, \frac{13}{17}, \frac{19}{13}, \frac{69}{95}, \frac{19}{23}, \frac{11}{19} \right\}$$

このとき、分数 $\frac{19}{13}$ と $\frac{11}{19}$ の位置に注意する。これらは、2 つの項をもつ行 (13 行目と 19 行目) の 2 つ目の項から作られたものである。

実際、$r_2 = a$, $r_3 = b$, $r_5 = 0$, $r_7 = c$, $r_{11} = 1$ で始め、$N = 2^a \times 3^b \times 7^c \times 11$ とすると、最終的に $r_2 = a + bc$, $r_3 = b$, $r_5 = 0$, $r_7 = 0$, $r_{11} = 1$ となり、$N = 2^{a+bc} \times 3^b \times 11$ となることを確かめることができる。

これらの素数の結節点ラベルを、Fractran マシンの状態として解釈することができる。そのため分数を

$$\left\{ \underset{A}{\frac{13}{7 \times 11}}, \underset{B}{\frac{2 \times 5 \times 17}{3 \times 13}}, \underset{C}{\frac{13}{17}}, \underset{D}{\frac{19}{13}}, \underset{E}{\frac{3 \times 23}{5 \times 19}}, \underset{F}{\frac{19}{23}}, \underset{G}{\frac{11}{19}} \right\}$$

と分解することにより、各分数を次のように説明できる。

A： $11 \to 13$　$\frac{1}{7}$ の乗数をもち、この場合 $r_7 \to r_7 - 1$ となる。

B： $13 \to 17$　$\frac{2\times 5}{3}$ の乗数をもち、この場合 $r_2 \to r_2+1$, $r_5 \to r_5+1$, $r_3 \to r_3-1$ となる。

C： $17 \to 13$

D： $13 \to 19$

E： $19 \to 23$　$\frac{3}{5}$ の乗数をもち、この場合 $r_3 \to r_3+1$, $r_5 \to r_5-1$ となる。

F： $23 \to 19$

G： $19 \to 11$

このマシンは状態間を移動し、場合によっては動的レジスタの内容を作りかえることもありうる。

FIBONNACIGAME

PRIMEGAME を扱う前に、もうひとつのゲームを紹介しよう。これは FIBONNACIGAME（フィボナッチゲーム）というもので、任意のフィボナッチ数を作り出す方法である。

フィボナッチ数列 $1, 1, 2, 3, 5, 8, 13, \cdots$ は非常に有名な数列のひとつで、次の漸化式によって定義される。

$$a_1 = a_2 = 1 \quad \text{と} \quad a_{n+2} = a_n + a_{n+1} \quad (n \geq 1)$$

n 番目のフィボナッチ数をコンピュータで打ち出すコードは次のようになる。

$r_2 := 1$;　$r_3 := 1$;　$r_5 := n$;　$r_{13} := 1$;
While $r_5 > 0$ do
　　Begin
　　　　$r_7 := r_2 + r_3$;　$r_2 := r_3$;　$r_3 := r_7$;　$r_5 := r_5 - 1$;
　　End;
Print r_7;

図 14.7 は $N = 2 \times 3 \times 5^n \times 13$ をインプットとしたときの工程を表したもの

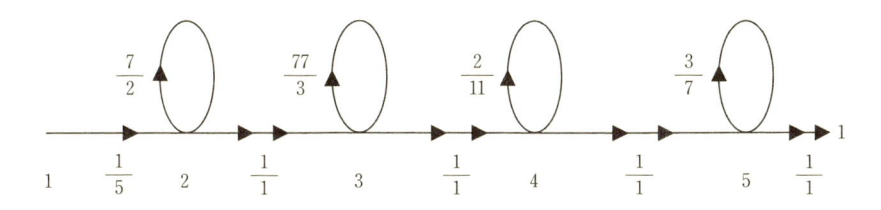

図 14.7 フィボナッチ数を生成するループ

で、Fractran-5 のプログラムは次のようになる。

1 行目： $\frac{1}{5} \to 2 \cdots$　カウンタであるレジスタ 5 から 1 を引く。
2 行目： $\frac{7}{2} \to 2,\ \frac{1}{1} \to 3 \cdots$　Fib(r) をレジスタ 7 にコピーする。
3 行目： $\frac{77}{3} \to 3,\ \frac{1}{1} \to 4 \cdots$　Fib($r+1$) をレジスタ 7 に加え、それをレジスタ 11 にコピーする。
4 行目： $\frac{2}{11} \to 4,\ \frac{1}{1} \to 5 \cdots$　Fib(r) は Fib($r+1$) によって置き換えられる。
5 行目： $\frac{3}{7} \to 5,\ \frac{1}{1} \to 1 \cdots$　工程を繰り返す。

これをひとつの分数のリストに変換させるために、ループを消し、図 14.8 のように結節点を「大きな」素数でラベル付けする。この図より、次のような Fractran-9 を書くことができる。

13 行目：　$\frac{1}{5} \to 17$
17 行目：　$\frac{7}{2} \to 19,\ \frac{1}{1} \to 23$
19 行目：　$\frac{1}{1} \to 17$
23 行目：　$\frac{77}{3} \to 29,\ \frac{1}{1} \to 31$
29 行目：　$\frac{1}{1} \to 23$
31 行目：　$\frac{2}{11} \to 37,\ \frac{1}{1} \to 41$
37 行目：　$\frac{1}{1} \to 31$
41 行目：　$\frac{3}{7} \to 43,\ \frac{1}{1} \to 13$
43 行目：　$\frac{1}{1} \to 41$

そして、コンウェイのアルゴリズムを用いて次の分数のリストを作る。

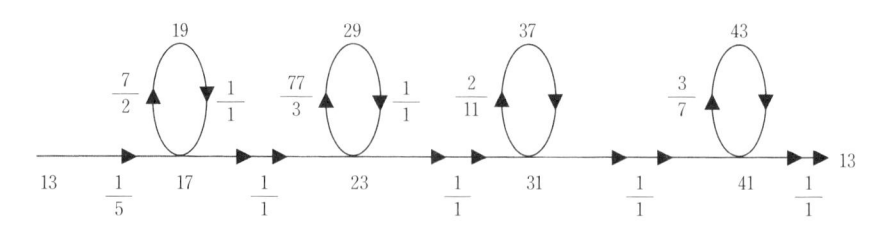

図 14.8　修正されたフィボナッチのループ

$$\left\{\frac{17}{65}, \frac{133}{34}, \frac{17}{19}, \frac{23}{17}, \frac{2233}{69}, \frac{23}{29}, \frac{31}{23}, \frac{74}{341}, \frac{31}{37}, \frac{41}{31}, \frac{129}{287}, \frac{41}{43}, \frac{13}{41}, \frac{1}{13}, \frac{1}{3}\right\}$$

この工程から正確にアウトプット $2^{\text{Fib}(n)}$ が出るように、このリストの最後に 2 つの分数が加えられている。この最後の 2 つの分数は、もうひとつの結節点を含んでいるのと等しく、その結節点は 1 とラベル付けされ、2 つのループが付いている。1 という素数ではない数で結節点をラベル付けし、ループを使用するということは、工程を制約することになるにもかかわらず、この使用法でも問題はない。コンウェイはこれについて次のように説明している。

ここで述べておきたいのは、状態のひとつに 1 という数をラベル付けすることは、大きな素数よりもむしろ容認されるということである。この状態からの変換に対応する分数は、（適切な順序で）Fractran-1 の最後に置かれる必要がある。このときループは、他のどんな変換よりも低い優先権をもつという条件のもとで、結節点 1 において容認される。

コンウェイは、掛け算に対する分数のリストを次のように修正することで、これを証明している。

$$\left\{\frac{170}{39}, \frac{19}{13}, \frac{13}{17}, \frac{69}{95}, \frac{1}{19}, \frac{13}{7}, \frac{1}{3}\right\}$$

この証明は読者にゆだねることとして、いよいよ PRIMEGAME の話に入るとしよう。

PRIMEGAME

分数のリストを素因数分解すると、

$$\left\{ \underset{A}{\frac{17}{7\times13}} \quad \underset{B}{\frac{2\times3\times13}{5\times17}} \quad \underset{C}{\frac{19}{3\times17}} \quad \underset{D}{\frac{23}{2\times19}} \quad \underset{E}{\frac{29}{3\times11}} \quad \underset{F}{\frac{7\times11}{29}} \quad \underset{G}{\frac{5\times19}{23}} \right.$$

$$\left. \underset{H}{\frac{7\times11}{19}} \quad \underset{I}{\frac{1}{17}} \quad \underset{J}{\frac{11}{13}} \quad \underset{K}{\frac{13}{11}} \quad \underset{L}{\frac{3\times5}{2\times7}} \quad \underset{M}{\frac{3\times5}{2}} \quad \underset{N}{\frac{5\times11}{1}} \right\}$$

となる。これを次の Fractran-7 のプログラムとして書き表すことができる。

13 行目： $\frac{1}{7} \to 17$, $\frac{1}{1} \to 11$

17 行目： $\frac{6}{5} \to 13$, $\frac{1}{3} \to 19$, $\frac{1}{1} \to 1$

19 行目： $\frac{1}{2} \to 23$, $7 \to 11$

11 行目： $\frac{1}{3} \to 29$, $\frac{1}{1} \to 13$

29 行目： $7 \to 11$

23 行目： $5 \to 19$

1 行目： $\frac{15}{14} \to 1$, $\frac{15}{2} \to 1$, $5 \to 11$

この複雑な工程を表したものが図 14.9 で、その結節点には素数と 1 がラベル付けされている。

PRIMEGAME では、$N=2$ から始めると 6 ステップ目で $N=2275$ となる。2275 を素因数分解すると $5^2\times7\times13$ となり、この時点では N は (AB) サイクルに従っている。この数は、$d<n$ としたときの一般形 $N=5^n\times7^d\times13$ の特別なケースで、この工程を循環する。図 14.10 はそのような数に何が起こるかを示したものである。$N=5^n\times7^d\times13$ は、結節点 17 において $N=2^n\times3^r\times7^{d-r-1}\times17$ に変換され、このとき $r>0$ であれば、ルート C を通り $5^n\times7^{d-1}\times13$ へと進み、$r=0$ であれば、ルート I を通り $5^{n+1}\times7^n\times13$ へと進む。

FRACTRAN

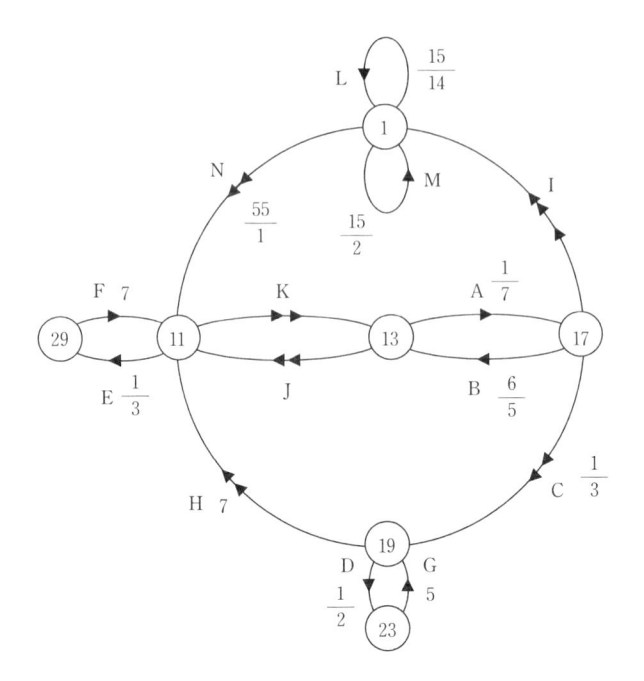

図 14.9　素数を生み出すループ

　ここで標準的な方法で $n = q \times d + r$ と書き表すことにより、整数 n とその可能な除数 d を用いて、これを説明することができる。$N = 5^n \times 7^{n-1} \times 13$ に作用する PRIMEGAME は、$n = 2$ から始める。$n = q \times d + r$ の値が一般のとき、d を $n-1$ から 1 まで順番にテストする。つまり、$r > 0$ である間は d を 1 ずつ下げてゆく。そして $r = 0$ となったら（これは d が n の約数であることを意味する）、$d = 1$ でなければ n は合成数となり、このときは n を 1 増やし、$n+1$ について上と同じ操作を行う。もし $d = 1$ ならば n は素数であり、$N = 2^n \times 7^{d-1} = 2^n$ となって、このとき 2 の累乗が生じる。つまり、n が素数のときのみ、N は 2 の累乗の形となる。なんと巧みな操作であろう！

　リチャード・ガイは、工程をフローチャートで表して、この事実を立証した。ガイは、2 と 5 のレジスタの中身をそれぞれ t、r（このとき $t + r = n$）とし、さらに 3 と 7 のレジスタの中身をそれぞれ s と q（このとき $s + q =$

$$5^n \times 7^d \times 13$$
$$\downarrow (\mathrm{AB})^d\, \mathrm{J}$$
$$2^d \times 3^d \times 5^{n-d} \times 11$$
$$\downarrow (\mathrm{EF})^d\, \mathrm{K}$$
$$2^d \times 5^{n-d} \times 7^d \times 13$$
$$\downarrow (\mathrm{AB})^d\, \mathrm{J}$$
$$2^{2d} \times 3^d \times 5^{n-2d} \times 11$$
$$\downarrow (\mathrm{EF})^d\, \mathrm{K}$$
$$2^{2d} \times 5^{n-2d} \times 7^d \times 13$$
$$\downarrow (\mathrm{AB})^d\, \mathrm{J}$$
$$\vdots$$
$$\downarrow (\mathrm{EF})^d\, \mathrm{K}$$
$$2^{qd} \times 5^r \times 7^d \times 13$$
$$\downarrow (\mathrm{AB})^r\, \mathrm{A}$$
$$2^n \times 3^r \times 7^{d-r-1} \times 17$$

$r>0$ C 　　　　　　　$r=0$ I

$2^n \times 3^{r-1} \times 7^{d-r-1} \times 19$ 　　　$2^n \times 7^{d-1}$
$\downarrow (\mathrm{DG})^n\, \mathrm{H}$ 　　　　　　$\downarrow \mathrm{L}^{d-1}\mathrm{M}^{n-d+1}\mathrm{N}$
$3^{r-1} \times 5^n \times 7^{d-r} \times 11$ 　　　　$3^n \times 5^{n+1} \times 11$
$\downarrow (\mathrm{EF})^{r-1}\, \mathrm{K}$ 　　　　　$\downarrow (\mathrm{EF})^n\, \mathrm{K}$
$5^n \times 7^{d-1} \times 13$ 　　　　　　　$5^{n+1} \times 7^n \times 13$

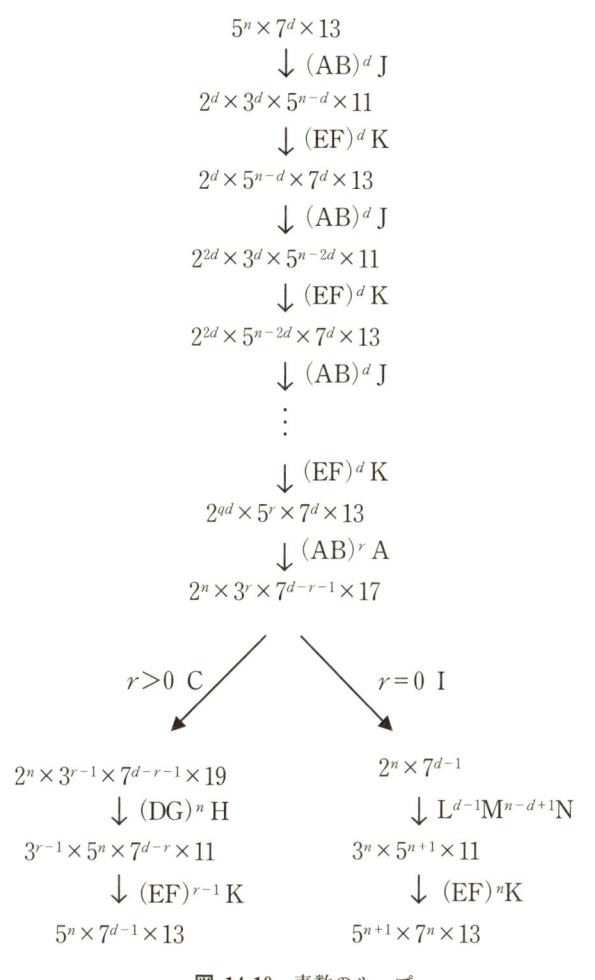

図 14.10 素数のループ

d) として、図 14.9 と同値の図 14.11 を考案した。

　1999 年、西オーストラリア大学のデヴィン・キルミンスターは、コンウェイの 14 個の分数を 10 個の分数に減らす方法を発表した。その 10 個の分数とは

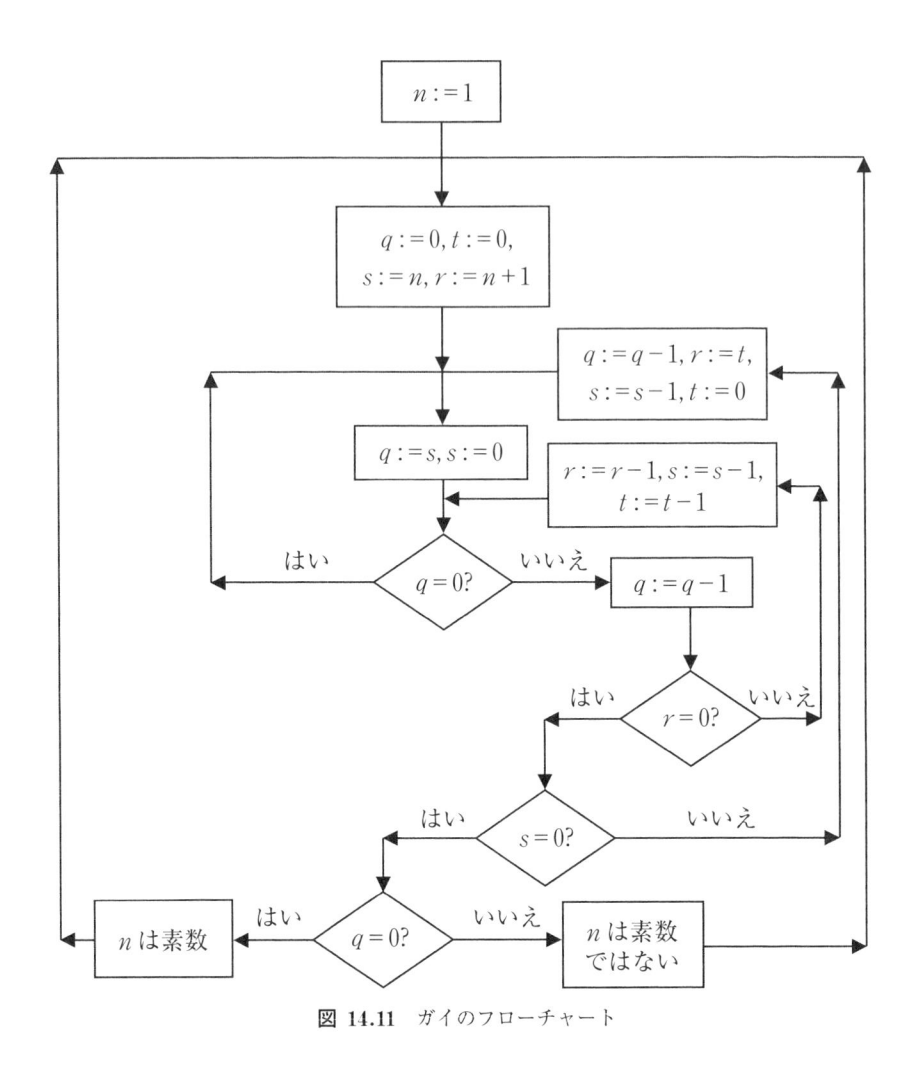

図 14.11 ガイのフローチャート

$$\left\{\frac{7}{3}, \frac{99}{98}, \frac{13}{49}, \frac{39}{35}, \frac{36}{91}, \frac{10}{143}, \frac{49}{13}, \frac{7}{11}, \frac{1}{2}, \frac{91}{1}\right\}$$

である。ここで N の初期値は 10 であり、その後に続く 10 の累乗の指数によって素数が作られる。

当然これは理論的なプロセスである。これまで PRIMEGAME を使って、

最初のいくつかの素数を作り出すのに必要なステップ数を見てきたが、リチャード・ガイは n が素数であることを検査するのに必要なステップ数を求める以下の公式を考えた。

$$n-1+(6n+2)(n-b)+2\sum_{d=b}^{n-1}\left\lfloor\frac{n}{d}\right\rfloor$$

ここで $b<n$ は n のもっとも大きな約数で、素数 n に対して b は当然 1 である。

実際ガイは、この公式を用いて「1000番目の素数(8831)を作り出すのに PRIMEGAME ではおよそ何ステップが必要か」というコンウェイの質問に答えている。この場合、$n=2$ から $n=8831$ までの和の計算が必要で、その答えは $1378197377195 \approx 1.4\times 10^{12}$ となる。

これは手間がかかるが、PIGAME(パイゲーム)を調べることで大局的に見ることができる。$N=89\times 2^n$ から始め、次の分数のリストによって $\pi=3.14159\cdots$ の n 桁目が計算できる。

$$\left\{\frac{365}{46},\frac{29}{161},\frac{79}{575},\frac{679}{451},\frac{3159}{413},\frac{83}{407},\frac{473}{371},\frac{638}{355},\frac{434}{335},\frac{89}{235},\frac{17}{209},\frac{79}{122},\right.$$
$$\frac{31}{183},\frac{41}{115},\frac{517}{89},\frac{111}{83},\frac{305}{79},\frac{23}{73},\frac{73}{71},\frac{61}{67},\frac{37}{61},\frac{19}{59},\frac{89}{57},\frac{41}{53},\frac{833}{47},\frac{53}{43},$$
$$\left.\frac{86}{41},\frac{13}{38},\frac{23}{37},\frac{67}{31},\frac{71}{29},\frac{83}{19},\frac{475}{17},\frac{59}{13},\frac{41}{291},\frac{1}{7},\frac{1}{11},\frac{1}{1024},\frac{1}{97},\frac{89}{1}\right\}$$

この場合、$2^{\pi(n)}$ でプログラムが終了する。たとえば $n=0$ のとき 3 でプログラムが終了し、$n=1$ のとき 1、$n=2$ のとき 4…で終了する。これはこれで非常にすばらしいが、ビル・ドゥビュークは次のようなコメントを残している。「ウォリス積 ($\frac{1}{2}\pi=\frac{2}{1}\times\frac{2}{3}\times\frac{4}{3}\times\frac{4}{5}\times\frac{6}{5}\times\frac{6}{7}\times\cdots$) の 4×2^{10n} 以上の項を使うことにより、PIGAME は π の n 桁目を計算することができる。しかし実行するには、この積は $n>1$ に対して非現実的な数である。」

最後になったが、PRIMEGAME は Fractran というプログラミング言語のすばらしい一例にすぎない。コンウェイは、彼の有名なライフゲームがそうであるように、この Fractran によって、どんな計算可能な工程でもシミュレートできることを示している。

モチーフ

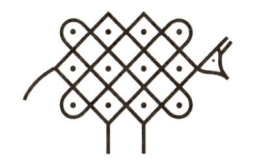

> ファーストカー、ファーストウーマン、ファーストアルゴリズム……男性にとってこれ以上何を望むことがあるんだ？
> ——ジョー・マチス

民族数学

　数学に関して言えば、南西アフリカでもっとも注目すべき場所は、ウガンダとコンゴの国境地帯である。というのも、その地にあるエドワード湖岸で、1960年にベルギーの地質学者ジャン・ド・アンゼランが古代のイシャンゴの骨を発見したからである。このイシャンゴ骨については様々に議論されているが、時代は紀元前8,000年から20,000年頃まで、使用目的は太陰暦から素数の一覧までと意見に幅がある。このほかにもアフリカには民族数学的に貴重な財宝があり、本書の各章のはじめに登場する魅力的なデザインのソナや一筆絵のルソナもそのひとつである。この例はささやかではあるが、アンゴラ北東部に住むバンツー語族チョクウェ族のすばらしい文化遺産の一部をなしている（バンツー語族の土地はザンビアとコンゴにまたがっている）。チョクウェ族は造形美術と装飾美術で有名であり、ソナはその美術に、幅広い文化と数学を盛り込んで合体させたものだ。では、これからその驚くべき数学との関連を簡単に見てゆこう。

モチーフの数学

　まず等間隔（1単位）に並んだ点の集合を長方形の形に並べ、その長方形

から外側に向かって 1/2 単位の長さ分だけ拡張させた位置に、この長方形を
ぐるりと取り囲むように鏡を置いてデザインを構成する。この構成のアルゴ
リズムは次のようになる。

- 点のちょうど真下（もしくは真上や真横）の位置にある鏡の地点から 45 度の角度でスタートし、鏡にぶつかるまで直線を描く。
- 鏡にぶつかったら 90 度の角度で反射し、そのまま直線を描き続ける。
- すべての点が直線で囲まれる前に、その直線がスタート地点に戻った場合、その周辺のまだ囲まれていない点の近辺から 2 本目の直線をスタートさせる。
- すべての点が囲まれるまで、これを繰り返し行う。
- 見やすくするために最終的な図を滑らかにしてもよい。

　上記の配置とスタート地点からの工程を図 1 に示す。
　この工程を分析するにあたって、これから説明する表記法を用いる。$f(m, n)$ を図 2 で示すような長方形の形に並んだすべての点を囲むのに必要な独立した経路の数とする。
　$f(1, n) = 1$ であることは明らかである。序論と第 1 章、第 2 章のはじめで紹介されているモチーフがこの例である。そして $f(m, n) = f(n, m)$ もまた明らかである。
　$f(m, n)$ の一般的な形を理解するために、まず正方形 $n \times n$ の配列を調べる。図 3 で示すように、ある点の近くからスタートした経路はシンメトリーによって同じ場所に戻ってくる。つまり、配列内の 1 行に並ぶすべての点を囲むためには（配列内のすべての点を囲むためには）、その 1 行のひとつひとつの点に対する経路が必要となるので、$f(n, n) = n$ となる。
　さて今度は配列 $m \times n$ の一般的な形を調べる。図 4 は、$m \times m$ の正方形ごとに縦線で仕切られた $m \times n (m < n)$ の配列であり、右端には長方形が残ることもある。一番左の正方形の配列のどこからスタートしても、その経路は仕切りの線で反射せずに、残りの正方形の配列に入り込み（長方形の配列には入らない）、デザインが増殖していく。この工程も図 4 に示してある。このデザインは、すべての点を取り囲むのに必要な経路の数を求めるため

図 1　点と鏡と経路

図 2　一般的な点の配列

m 個の点

n 個の点

図 3　正方形の形をした点の配列における完全な経路

スタート地点

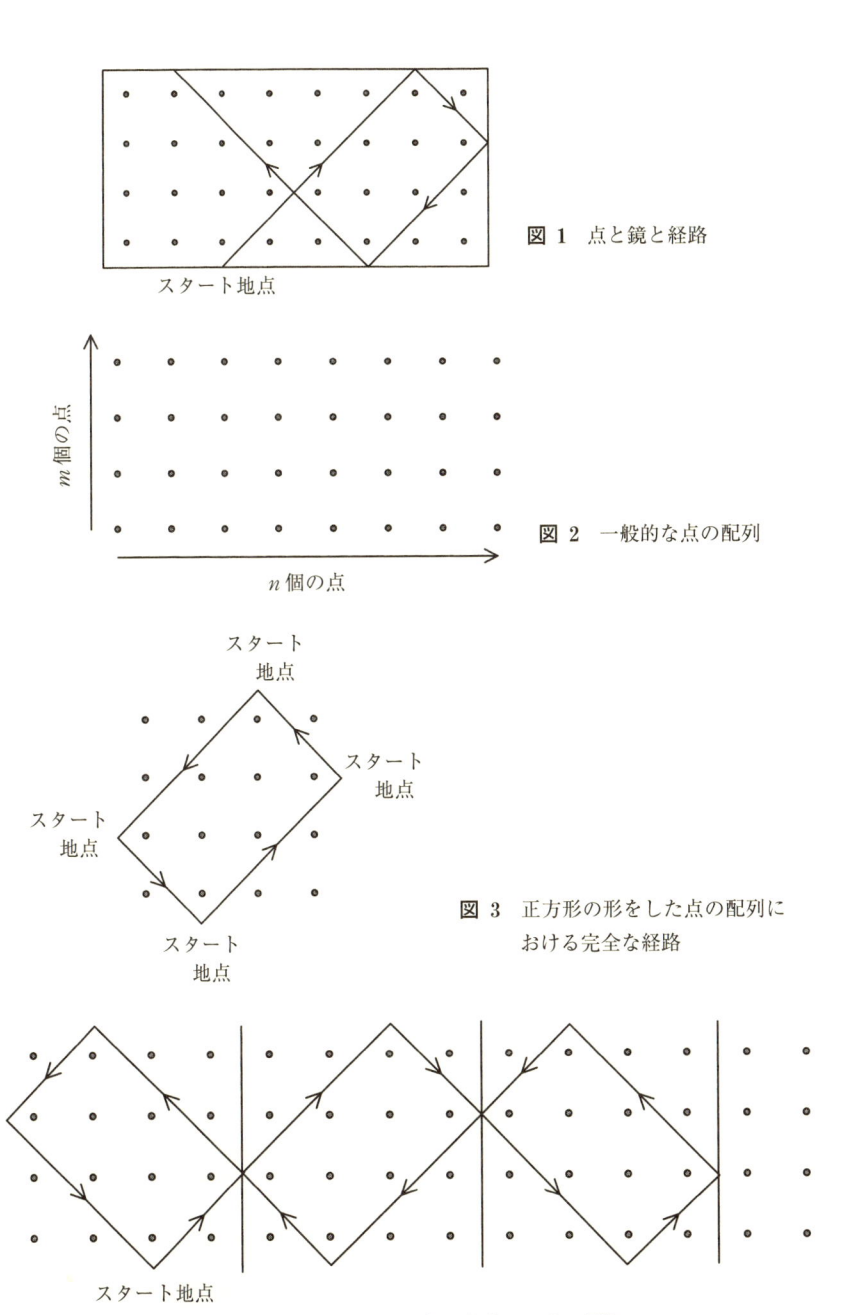

図 4　長方形の形をした点の配列における経路

モチーフ　　215

に、これらの正方形の配列をその考察の対象から外すことができることを意味している。記号で表すと、$n=qm+r(r<m)$ のとき $f(m, n)=f(m, m+r)$ となり、同じ理由より最初の正方形も考察の対象から外すことができるので、$f(m, n)=f(m, r)$ となる。

では、ここまでの結果を用いて、次の2つの比較的大きな数を調べてみよう。

$$f(144, 2068)=f(144, 52)=f(52, 144)=f(52, 40)$$
$$=f(40, 52)=f(40, 12)=f(12, 40)$$
$$=f(12, 4)=f(4, 12)=f(4, 4)=4$$

と

$$f(123, 2113)=f(123, 22)=f(22, 123)=f(22, 13)$$
$$=f(13, 22)=f(13, 9)=f(9, 13)$$
$$=f(9, 4)=f(4, 9)=f(4, 1)=f(1, 4)=1$$

これより、この工程は2つの整数の間の最大公約数(HCF)を見つけるのに使われるユークリッドの互除法の仕組みであることに気づくだろう。まとめると

$$f(m, n)=\mathrm{HCF}(m, n)$$

となる。各章のモチーフは、各デザインを完全なものにするのに必要な経路の数を表示するために、線の濃さにより区別して描かれている。

構成の実体

このモチーフの話は数学的に興味深いものだが、チョクウェ族にとっては意味のないことだろう。ソナが彼らの文化の中で主要な位置を占めているのは、それが具象表現(本章のはじめで紹介しているモチーフや、序論のモチーフなどがそうである。前者は動物のアンテロープ、後者はその足跡をかたどっている)であり、民族の掟にとって重要な物語や教えを思い出す手助けになるからである。これらの図は、通常チョクウェ族の男たちによって(厳

スタート地点

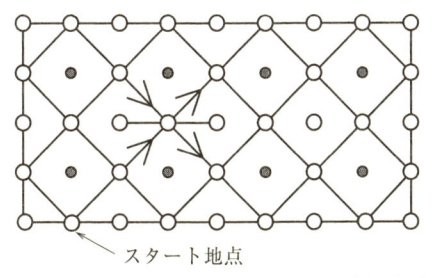

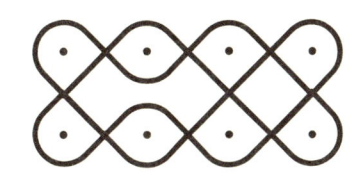

図 5 両面鏡を加えた 2×4 の配列

密にいえば、アクワ・クタ・ソナと呼ばれる、ソナに熟練している、つまり絵の技術を熟知している者たちによって）ダイナミックに描かれる。まず彼らは指を使って平らな砂に線をトレースし、そのあと指先で点を加えてゆく。物語が展開するにつれ、モチーフは単一曲線で連続的に作り上げられ、デザインの完成とともにその物語は終了する。曲線を途中で中断し、新しく始めることは許されておらず、一旦中止をすると冷ややかな目で見られる。この技術は、男性の成人の儀式の 6〜8 ヶ月の期間に代々受け継がれる。

　もし長方形の縦と横の最大公約数が 1 でなければ、図を 1 つの連続した単一曲線で描くことができず、この工程の本質的な条件に矛盾することは先に述べた。当然そのような長方形は除外されるが、別の方針として、配列内に小さな両面鏡の線を入れることで、1 つの単一曲線で描くことができる。これはデザインをより発展させる利点があり、長方形の縦と横が互いに素であろうとなかろうと適用することができる。たとえば、図 5 の左側は 2×4 の形をした図で、第 5 章のモチーフの基になったものだが、1 枚の小さな両面鏡が水平に置かれている。実際に線を描いてみると、この鏡の仕切りによって、一筆絵がすぐに終わってしまうのを防いでいるのがわかる。つまり、配列内のすべての点が 1 つの連続した経路によって取り囲まれることになる。この経路を滑らかに描いたのが右側の図である。この現象の他の例として、第 10 章で紹介した 3×5 の配列を考えよう。もちろんこの経路は 1 つの連続したループで描くことができる。点の配置は図 6 の左側に示されているが、そこには 4 枚の小さな両面鏡が水平に置かれている。その経路を滑らかに描

スタート地点

図 6

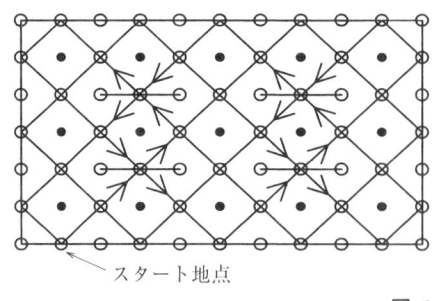

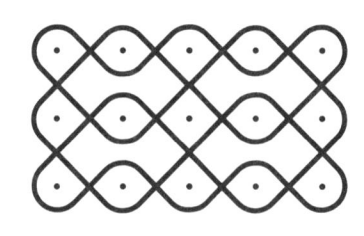

スタート地点

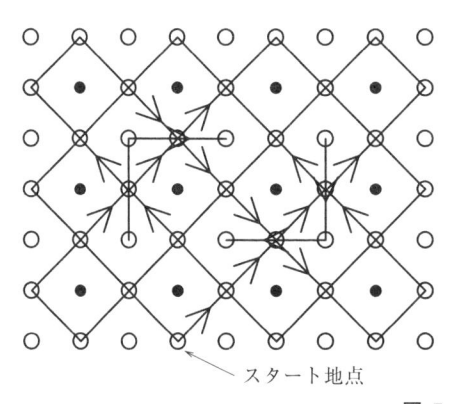

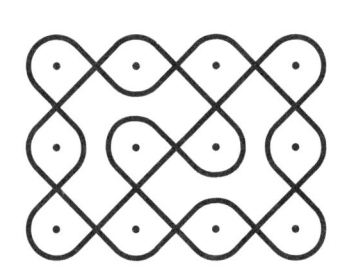

図 7

くと右側の図となる。ちなみにこれを拡大させたものは「ライオンのお腹」と呼ばれている。

　ほかには、第9章の3×4の配列に90度の角度をもつ両面鏡を2枚追加すると、より複雑な図を描くことができる（図7の左側）。この経路を滑らかにしたものが右側の図で、これは「追いかけられるニワトリ」と呼ばれるデザインである。

　ここまで見てわかるように、これらのモチーフは、美術とアフリカの文化と数学の間にあるつながりをユークリッドの互除法へと結びつけ、ちょっとした意外な見かけを作り出す。これらのモチーフや関連する他のアイデアを

218

もっと知りたい人のために、まず手始めとして、アメリカ数学協会（MAA）から出版されたポール・ガーデスの研究『アフリカ発の幾何学――数学的および教育的冒険（*Geometry from Africa : Mathematical and Educational Explorations*）』を紹介しておこう。

付録 A　包除原理

　この原理は、いくつもの重なり合う集合の中の要素の個数を数えるために使われる。まずは 2 つの集合が重なり合うベン図（図 A.1(a)）を見てゆこう。

　総数を求めるには、集合 A のすべての要素と集合 B のすべての要素を足し、重なっている部分の要素を引く。これを記号で表すと次のようになる。

$$n(A \cup B) = n(A) + n(B) - n(A \cap B)$$

　図 A.1(b) のような 3 つの重なり合う集合の場合にも、上と同じように考える。だが今回は、2 つの集合が重なっている 3 箇所の部分の要素をすべて引き、3 つの集合が重なっている部分の要素を加える。これは次の式で表すことができる。

$$n(A \cup B \cup C) = n(A) + n(B) + n(C) - n(A \cap B) \\ - n(A \cap C) - n(B \cap C) + n(A \cap B \cap C)$$

一般の場合、次の式で表される。

$$n\left(\bigcup_{i=1}^{n} A_i\right) = \sum_{i=1}^{n} n(A_i) - \sum_{i,j : i<j}^{n} n(A_i \cap A_j) \\ + \sum_{i,j,k : i<j<k}^{n} n(A_i \cap A_j \cap A_k) - \cdots \\ \pm n(A_1 \cap A_2 \cap A_3 \cdots \cap A_n)$$

　この式がすべての要素を正確に 1 回だけ数えていることは、以下の議論によりわかる。

　1 つの要素 x がちょうど r 個の集合に属すると仮定する。最初のステップでは、重複を無視して、すべての集合内のすべての要素を数える。つま

(a)   (b)

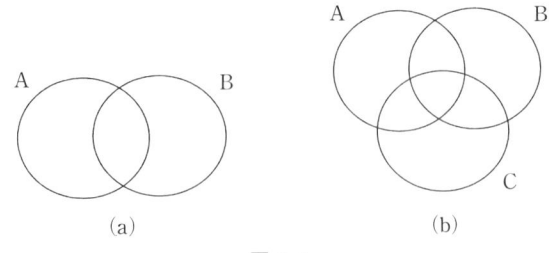

図 A 1

り、x をちょうど r 回数えたことになる。次に x を含む $\binom{r}{2}$ 組の集合が存在するので、r からこの数を引く。それから x が 3 つの集合に現れる回数を足す。これは $\binom{r}{3}$ である。この作業を 1 となる $\binom{r}{r}$ まで続けてゆく。このプロセスより、x は正確に

$$r-\binom{r}{2}+\binom{r}{3}-\binom{r}{4}+\cdots\binom{r}{r}$$

回数えられる。

次に以下の式に注意する。

$$\begin{aligned}-1+r-\binom{r}{2}&+\binom{r}{3}-\binom{r}{4}+\cdots\binom{r}{r}\\&=-\left[1-r+\binom{r}{2}-\binom{r}{3}+\binom{r}{4}-\cdots\binom{r}{r}\right]\\&=-(1+(-1))^r=0\end{aligned}$$

これより

$$r-\binom{r}{2}+\binom{r}{3}-\binom{r}{4}+\cdots\binom{r}{r}=1$$

となり、この方法を使うと実際に x を正確に 1 回数えたことになる。

付録 B　二項反転公式

2つの正の整数を変数とする関数を $f(r,s)$ とする。このとき、次のような無限に続く上三角部分のその値の和を求めたい。

$$
\begin{array}{ccccc}
f(0,0) & f(1,0) & f(2,0) & f(3,0) & \cdots \\
 & f(1,1) & f(2,1) & f(3,1) & \cdots \\
 & & f(2,2) & f(3,2) & \cdots \\
 & & & f(3,3) & \cdots \\
 & & & \vdots & \vdots
\end{array}
$$

次の2つの方法で、すべての項の和を求めることができる。

（1）行を1つずつ取り出し、その中にある項を足し合わせる。次にそれぞれの行の和を足してゆく。s 行目における項の和は

$$f(s,s)+f(s+1,s)+f(s+2,s)+\cdots$$

となるので、各行におけるこれらの和を足すと

$$\sum_{s=0}^{\infty}\{f(s,s)+f(s+1,s)+f(s+2,s)+\cdots\}$$

となる。これは二重和 $\sum_{s=0}^{\infty}\sum_{r=s}^{\infty}f(r,s)$ として簡潔に書き表すことができる。

（2）列を1つずつ取り出し、その中にある項を足し合わせる。次にそれぞれの列の和を足してゆく。r 列目における項の和は

$$f(r,0)+f(r,1)+f(r,2)+\cdots+f(r,r)$$

となる。ここでそれぞれの和は有限であり、対角元で終了する。各列

におけるこれらの和を足すと

$$\sum_{r=0}^{\infty}\{f(r,0)+f(r,1)+f(r,2)+\cdots+f(r,r)\}$$

となる。そして、これは二重和 $\sum_{r=0}^{\infty}\sum_{s=0}^{r}f(r,s)$ として簡潔に書き表すことができる。

これらをまとめると、次の恒等式ができる。

$$\sum_{r=0}^{\infty}\sum_{s=0}^{r}f(r,s)=\sum_{s=0}^{\infty}\sum_{r=0}^{\infty}f(r,s)$$

ここでこの公式を用いて次のことを証明しよう。

2つの数の集合 $\{a_0, a_1, a_2, \cdots, a_n\}$ と $\{b_0, b_1, b_2, \cdots, b_n\}$ が、条件

$$b_n = \sum_{r=0}^{n} \binom{n}{r} a_r$$

を満たすとき

$$a_n = \sum_{r=0}^{n} (-1)^{n-r} \binom{n}{r} b_r$$

となる。

2つの関数 $A(x)$ と $B(x)$ を

$$A(x)=\sum_{r=0}^{\infty}\frac{a_r x^r}{r!} \quad と \quad B(x)=\sum_{r=0}^{\infty}\frac{b_r x^r}{r!}$$

と定義し、$A(x)$ の項により $B(x)$ を表す。そうすることで、$B(x)$ の項により $A(x)$ を表す逆の恒等式を作り出すことができる。つまり $\{b_0, b_1, b_2, \cdots, b_n\}$ によって $\{a_0, a_1, a_2, \cdots, a_n\}$ を表すことができるというわけだ。

b_r の定義を使って $B(x)$ の定義式にそれを代入すれば

$$B(x) = \sum_{r=0}^{\infty} \left(\sum_{s=0}^{r} \binom{r}{s} a_s \right) \frac{x^r}{r!}$$

$$= \sum_{r=0}^{\infty} \sum_{s=0}^{r} \frac{r!}{(r-s)!\,s!} a_s \frac{x^r}{r!}$$

$$= \sum_{r=0}^{\infty} \sum_{s=0}^{r} \frac{a_s}{(r-s)!\,s!} x^r$$

$$= \sum_{r=0}^{\infty} \sum_{s=0}^{r} \left(\frac{a_s x^s}{s!} \right) \left(\frac{x^{r-s}}{(r-s)!} \right)$$

となる。次に

$$f(r,s) = \left(\frac{a_s x^s}{s!} \right) \left(\frac{x^{r-s}}{(r-s)!} \right)$$

として前の結果を用いれば

$$B(x) = \sum_{s=0}^{\infty} \sum_{r=s}^{\infty} \left(\frac{a_s x^s}{s!} \right) \left(\frac{x^{r-s}}{(r-s)!} \right)$$

となる。s による和の式を前に取り出すと、この二重和は

$$B(x) = \sum_{s=0}^{\infty} \left(\frac{a_s x^s}{s!} \right) \sum_{r=s}^{\infty} \left(\frac{x^{r-s}}{(r-s)!} \right)$$

と変形される。次に、$t=r-s$ として変数 r を変数 t に置き換えれば、次の式ができる。

$$B(x) = \sum_{s=0}^{\infty} \left(\frac{a_s x^s}{s!} \right) \sum_{t=0}^{\infty} \left(\frac{x^t}{t!} \right)$$

最初の和は $A(x)$ で、2 つ目の和は単純に e^x となるので

$$B(x) = A(x)\,e^x$$

と書き表される。この恒等式を反転させると $A(x)=e^{-x}B(x)$ となる。つまり

$$A(x)=e^{-x}B(x)=\left(\sum_{r=0}^{\infty}\frac{(-1)^r x^r}{r!}\right)\left(\sum_{s=0}^{\infty}\frac{b_s x^s}{s!}\right)$$

$$=\sum_{r=0}^{\infty}\sum_{s=0}^{\infty}\frac{(-1)^r x^r}{r!}\frac{b_s x^s}{s!}$$

$$=\sum_{s=0}^{\infty}\sum_{r=0}^{\infty}\frac{(-1)^r x^r}{r!}\frac{b_s x^s}{s!}$$

となる。これを都合のよい形に変形するために、$r=n-s$ と置き換えると

$$A(x)=\sum_{s=0}^{\infty}\sum_{n=s}^{\infty}\frac{(-1)^{n-s}x^{n-s}}{(n-s)!}\frac{b_s x^s}{s!}$$

となる。もう一度前述の結果を使い、さらに分母と分子に $n!$ を入れると

$$A(x)=\sum_{n=0}^{\infty}\sum_{s=0}^{n}\frac{(-1)^{n-s}x^{n-s}}{(n-s)!}\frac{b_s x^s}{s!}$$

$$=\sum_{n=0}^{\infty}\sum_{s=0}^{n}\frac{n!}{(n-s)!s!}(-1)^{n-s}\frac{x^n}{n!}b_s$$

が得られる。そしてシグマの位置を変えてまとめると

$$A(x)=\sum_{n=0}^{\infty}\frac{x^n}{n!}\sum_{s=0}^{n}\binom{n}{s}(-1)^{n-s}b_s$$

となる。よって次の式が出る。

$$A(x)=\sum_{n=0}^{\infty}\frac{x^n}{n!}a_n=\sum_{n=0}^{\infty}\frac{x^n}{n!}\left[\sum_{s=0}^{n}\binom{n}{s}(-1)^{n-s}b_s\right]$$

ここで係数を比較すれば、最終的に次の結果が得られる。

$$a_n=\sum_{s=0}^{n}\binom{n}{s}(-1)^{n-s}b_s$$

付録 C　曲面積と弧長

　図 C.1 で示すように、曲線の基本要素を x 軸の周りに 360 度回転させて作られる曲面積の面積要素は

$$\delta S \approx 2\pi y \times \sqrt{(\delta x)^2 + (\delta y)^2}$$

となる。そして

$$\frac{\delta S}{\delta x} \approx \frac{2\pi y \times \sqrt{(\delta x)^2 + (\delta y)^2}}{\delta x} = 2\pi y \sqrt{1 + \left(\frac{\delta y}{\delta x}\right)^2}$$

となり、極限をとると

$$\frac{\mathrm{d}S}{\mathrm{d}x} = 2\pi y \sqrt{1 + \left(\frac{\mathrm{d}y}{\mathrm{d}x}\right)^2}$$

となる。これより全曲面積は

$$S = 2\pi \int y \sqrt{1 + \left(\frac{\mathrm{d}y}{\mathrm{d}x}\right)^2}\, \mathrm{d}x$$

となる。

曲線の弧長

　任意の滑らかな曲線と原点 O をとる。そして図 C.2 におけるように、標準的な微積分の表記法を用いて、上部の擬三角形内の基本小領域に対しピタゴラスの定理を用いれば

$$(\delta s)^2 \approx (\delta r)^2 + (r\delta\theta)^2$$

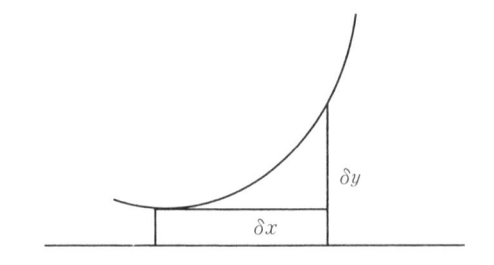

図 C.1 曲面積に対する要素

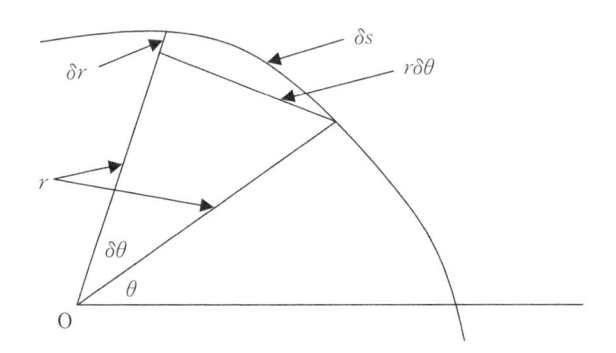

図 C.2 弧長に対する要素

が得られる。この両辺を δr^2 で割ると

$$\left(\frac{\delta s}{\delta r}\right)^2 \approx 1 + \left(r\frac{\delta \theta}{\delta r}\right)^2$$

となり、極限をとると

$$\left(\frac{\mathrm{d}s}{\mathrm{d}r}\right)^2 = 1 + \left(r\frac{\mathrm{d}\theta}{\mathrm{d}r}\right)^2$$

となる。これより曲線の弧長

$$s = \int \sqrt{1 + \left(r\frac{\mathrm{d}\theta}{\mathrm{d}r}\right)^2}\,\mathrm{d}r$$

が得られる。もうひとつの方法として、先の式の両辺を $\delta\theta^2$ で割ると

$$\left(\frac{\delta s}{\delta\theta}\right)^2 \approx \left(\frac{\delta r}{\delta\theta}\right)^2 + r^2$$

となり、極限をとると

$$\left(\frac{\mathrm{d}s}{\mathrm{d}\theta}\right)^2 = \left(\frac{\mathrm{d}r}{\mathrm{d}\theta}\right)^2 + r^2$$

となる。そしてこれより

$$s = \int \sqrt{\left(\frac{\mathrm{d}r}{\mathrm{d}\theta}\right)^2 + r^2}\, \mathrm{d}\theta$$

が得られる。

謝　　辞

　以下の方々に心からお礼申し上げます。
　長期有給休暇のなかご支援をくださった学校長ラルフ・タウンゼント博士、情熱をもって率直な意見を投げかけてくれた卒業生トム・ポーコック、有益な意見をくださった書評家の方々、Mathtype™ の開発元であるデザイン・サイエンス社、Mathematica™ の開発元であるウルフラム・リサーチ社に感謝いたします。また、根気のいる細かい仕事をしてくださった T&T Productions Ltd. のジョナサン・ウェインライト氏、そして編集者ヴィッキー・カーン氏の寛大な理解と情熱に感謝いたします。最後に、生涯を通じて私たちに感動を送り届けてくれるマーティン・ガードナー氏に感謝する人たちの長いリストに、私も名を連ねたく思います。

巻　末　註

【はじめに】
註1　『人間知性論』（大槻春彦訳　岩波書店）

【序論】
註1　『ふしぎの国のアリス』（生野幸吉訳　福音館書店）
註2　『世界でもっとも奇妙な数学パズル』（松浦俊輔訳　青土社）

【Chapter 1】
註1　I. M. Thompson, E. Canby-Hagino and M. Scott Lucia (2005), 'Stage migration and grade inflation in prostate cancer : Will Rogers meets Garrison Keillor', *Journal of the national Cancer Institute* 97：1236-37.
註2　W. A. Woodward et al. (2003), 'Changes in the 2003 American Joint Committee on cancer staging for breast cancer dramatically affect stage-specific survival', *Journal of Clinical Oncology* 21：3244-48.

【Chapter 2】
註1　『レオナルド・ダ・ヴィンチの手記』（杉浦明平訳　岩波文庫）
註2　［訳註］木材の体積計算のごまかし方
註3　『サミュエル・ピープスの日記　第3巻』（臼田昭訳　国文社）

【Chapter 3】
註1　D. M. Bloom (1973), A birthday problem, *American Mathematical Monthly* 80：1141-42、A. G. Munford (1977) A note on the uniformity assumption in the birthday problem, *American Statistician* 31：119 など。
註2　The birthday problem : some empirical data and some approximations, *Teaching Statistics* 4(1)：10-14.
註3　On the generalized birthday problem, *Mathematical Gazette* 88(512)：242-48.
註4　J. I. Naus (1968), An extension of the birthday problem, *American Statistician* 22：27-29 を参照。
註5　M. H. Gail, G. H. Weiss, N. Mantel and S. J. O'Brien (1979), A solution to the generalized birthday problem with application to allozyme screening for cell culture contamination, *Journal of Applied Probability* 16：242-51.

【Chapter 4】
註1　Proving the rotating table, *Mathematical Gardner*, 1981, 288-307.

【Chapter 5】
註1　*Essai d'analyse sur les jeux de hazard*, 2 nd edn (1713).
註2　Calcul de la probabilité dans le jeu de rencontre. *Memoires de l'academie des sciences de Berlin* 7, 1753 に掲載。

註3　The old hats problem. 次のサイトで参照することができる。www.rose-human.edu/math-journal/archives/2003/vol 4-n 1/paper 2/v 4 n 1-2 do.doc

註4　この式は $n-k$ が奇数の場合である。$n-k$ が偶数の場合は、$\left\lfloor \frac{(n-k)!}{e} \right\rfloor + 1$ となる。

註5　この式は $n-k$ が奇数の場合である。$n-k$ が偶数の場合は、$D_n(k) = \binom{n}{k}\left(\left\lfloor \frac{(n-k)!}{e} \right\rfloor + 1\right)$ となる。

註6　この式は $n-k$ が奇数の場合である。$n-k$ が偶数の場合は、$\left\lfloor \frac{(n-k)!}{e} \right\rfloor$ を $\left\lfloor \frac{(n-k)!}{e} \right\rfloor + 1$ に置き換えた式となる。

註7　$n-k$ が偶数のときも、$p_n(k) \xrightarrow[n \to \infty]{} \frac{e^{-1}}{k!}$ となる。

【Chapter 7】
註1　Geometric probability and the number π, *Scripta Mathematica* 25(3): 183-95.
註2　Periodico di Mathematica 4: 140-43.
註3　Lazzarini's luckey approximation of π, *Mathematics Magazine* 67(2), April 1994.
註4　『世界の名著31 ニュートン』（河辺六男訳　中央公論社）

【Chapter 10】
註1　『世界の名著21 ガリレオ・偽金鑑識官』（山田慶児・谷泰訳　中央公論社）

【Chapter 11】
註1　Parrondo's Paradox (14(2): 206-13)

【Chapter 12】
註1　『多次元・平面国ペチャンコ世界の住人たち』（石崎阿砂子・江頭満寿子訳　東京図書）より。Flatland (http://www.gutenberg.org/dirs/extext 94/flat 11.txt) を参照のこと。

【Chapter 13】
註1　『サミュエル・ピープスの日記　第1巻』（臼田昭訳　国文社）
註2　Gauss calendar formula for the day of the week: http://berndt-schwerdtfeger.de/articles.html

【Chapter 14】
註1　Open Problems in Communication and Computation (ed. T. M. Coverand B. Gopinath), *Springer*, pp.4-26.
註2　Fractran: A Simple Universal Programming Language for Arithmetic.
註3　Conway's prime producing machine (1983) 56: 26-33.

訳者あとがき

　本書は、2007年にプリンストン大学出版局から刊行されたジュリアン・ハヴィル氏の著作 *Nonplussed! Mathematical Proof of Implausible Ideas* を翻訳したものである。イギリスのパブリックスクールで数学教師を勤めるハヴィル氏は、この第2弾として、本書で収録しきれなかった内容を *Impossible? Surprising Solutions to Counterintuitive Conundrums* で著し、『世界でもっとも奇妙な数学パズル』（松浦俊輔訳、青土社）という邦題で出版されている。

　まずは肩慣らしとして、「コインの周りを回転するコイン」というコイン問題から始まる。この結果は意外で、その解法は実に巧妙である。この書物は、このような意外で巧妙な問題を、確率・統計や無限の分野を中心に14の話題にわけて幅広く集めたものである。どの話題も大変興味深いものであるが、訳者は特に5章、8章、12章、14章に引き込まれた。ここで簡単にこの4つの話題を紹介しておこう。

　第5章：完全順列——トランプゲームの「トレーズ」を素材にしたものである。多くの人にとって、順列という言葉は高校の数学の授業で聞いたことがあるが、「完全順列」という言葉は恐らく初めての人も多いことだろう。完全順列とは、どの要素も固定されない順列のことである。n 個の要素をもつ順列が完全順列となる確率を p_n によって表すとき、本章ではこの p_n を3つの方法で求めている。最初は標準的な方法で、2番目はベルヌーイの方法、最後は二項変換の逆変換・反転公式を用いる方法である。特に2つ目のベルヌーイの方法は鮮やかで、3つ目の方法は巧妙で興味深い。

　第8章：トリチェリのトランペット——無限に関する話題である。1643

年、トリチェリは「表面積は無限だが体積は有限である立体」の例としてトリチェリのトランペットを発見した。本章では、アルキメデスの「取り尽くし法」を発展させた「カヴァリエリの原理」を用いてトリチェリのトランペットの体積を求める巧妙な方法を紹介している。さらに、グラスの重量は小さいが、大酒飲みでも飲みつくせない容器、すなわち表面積は有限だが体積が無限である立体を具体的に紹介している。

第12章：超次元——次元の増加により、直観に反する奇妙な現象が起こることを述べている。まず、4×4の正方形の中に互いに接するように半径1の円を4つ埋め込む。このとき、正方形の真ん中には、4つの円すべてに接する5番目の小さな円があり、この円の半径は$\sqrt{2}-1$である。これと同じ状況を3次元、4次元…で考えたとき、中心にある超球の半径はどうなるか。恐らく読者は意外な結果に驚くであろう。また、n次元の超球の体積を8章のカヴァリエリの原理を用いて巧妙に求めている。本章は、この他にも単位超球の体積が最大となるときの次元など興味深い内容を多く含んでいる。

第14章：FRACTRAN——コンピュータを用いた話題ということで、他の章と比べて少々異質である。本章では、たった14個の分数を用いてすべての素数を小さい方からコンピュータを使って導き出すコンウェイの極めて巧妙な方法が述べられている。これは「PRIMEGAME」と呼ばれるもので、FRACTRANというプログラミングのすばらしい一例である。

以上が4つの話題の概略である。他の章も意外性と巧妙さに富んでおり、読者はその解法に驚いたり、感動したりの連続となることだろう。ハヴィル氏は、本書で使われる数学の難易度は高校3年生のレベルを超えるものではないと述べているが、ところどころ、高度な数式が容赦なく出現する。しかし、実際に紙と鉛筆を使って根気よく数式を導き出すことで、パラドックスのもつ不思議さを理解することができる。そして、数学的議論の確固たる根拠により、私たちのもつ直観力のもろさを知ることになるだろう。それが数学の面白さでもある。

最後に、邦訳に当たり、白揚社の上原弘二氏には大変お世話になった。訳文がこのように読みやすくなったのも上原氏のおかげである。ここで厚くお礼を申し上げる。

2010年1月　佐藤かおり

佐藤　宏樹

ジュリアン・ハヴィル（Julian Havil）
イギリスのウィンチェスター・カレッジ数学教師。著書に『オイラーの定数ガンマ』（共立出版）、『世界でもっとも奇妙な数学パズル』（青土社）がある。

佐藤かおり（さとう・かおり）
東京理科大学理学部数学科卒業、お茶の水女子大学大学院理学研究科修士課程修了。ニューハンプシャー大学統計学修士課程修了。現在アメリカ在住。主な訳書に『ルート2の森とアンドリュー少年』（シュプリンガー・ジャパン）、『フィボナッチのうさぎ』、『バナッハ＝タルスキの逆説』（ともに青土社）などがある。

佐藤宏樹（さとう・ひろき）
静岡大学名誉教授。理学博士。主な著書に『複素解析学』（近代科学社）などがある。

NONPLUSSED!: Mathematical Proof of Implausible Ideas
by Julian Havil
Copyright © 2007 by Julian Havil
Japanese translation published by arrangement with Princeton University Press through The English Agency (Japan) Ltd.
All rights reserved.

出版社の承諾なく、本書に掲載する一切の文書・図版・写真等を、手段・形態を問わず複写・転載することは禁じられています。

反直観の数学パズル
はんちょっかん　すうがく

2010年3月10日　第1版第1刷発行

著　者		ジュリアン・ハヴィル
訳　者		佐藤かおり（さとう）
		佐藤宏樹（さとうひろき）
発行者		中村　浩
発行所		株式会社 白揚社　© 2010 in Japan by Hakuyosha
		〒101-0062　東京都千代田区神田駿河台1-7
		電話　(03)5281-9772　振替　00130-1-25400
装　幀		岩崎寿文
印　刷		株式会社中央印刷
製　本		株式会社ブックアート

ISBN 978-4-8269-0156-7

◇ 白揚社好評既刊 ◇

スマリヤンの究極の論理パズル
数の不思議からゲーデルの定理へ

レイモンド・スマリヤン著　長尾確・長尾加寿恵訳

パズル好きの王のために毎夜ひねりの利いた問題を出し続けるシェラザード。すべてのパズルファンが楽しめる数学界の奇才からの贈り物。240頁　2940円

パズル本能
ヒトはなぜ難問に魅かれるのか？

マーセル・ダネージ著　冨永星訳

なぜ人はこれほどまでにパズルに魅了されるのか？古今東西の様々なパズルを紹介しながら、その謎に迫る。手ごわい練習問題も多数収録。352頁　2940円

数学ができる人はこう考える
実践＝数学的思考法

シャーマン・スタイン著　冨永星訳

日ごろ数学とは無縁の人でも楽しめる問題を通して数学的な考えをどう進めるかを平易に解説。楽しく解いて数学力をグレードアップ！　248頁　2625円

＊経済情勢により価格を変更することがあります。